植物の不思議 II

~野菜と果物編~

斗沢栄一 著

東奥日報社

はじめに

前回出版した「ふるさと　植物の不思議」は、青森県に自生している草花と樹木を取りあげ、植物の不思議な力、生きる力について拙文を書かせていただいた。今回は私たちが毎日食べている野菜と果物の不思議な力を取りあげた。

野菜や果物はある程度成長するまでは、苦味、渋味、辛味、トゲや強いにおいを持っている。これは鳥やその他の動物に食べられないように、また病原菌などから身を守るためである。長く栽培して完熟すると、赤、黄色、オレンジなどに色づき苦味、渋味が消えて甘味が出てくる。これは鳥などに食べてもらい種子を遠くに運んでもらうように変化するのである。

植物は、動物のように動けないため、さまざまな環境に適応して進化してきた。その結果、砂漠や南極大陸などの厳しい環境の中でも、花を咲かせ、昆虫や鳥の力を借りて受粉し、実をつけ、動物たちに種子を運んでもらうことで子孫を広げ、命をつなげてきた。

私たちの体は、紫外線を浴びたり激しい呼吸をしたりすると「活性酸素」が多く発生する。活性酸素は体を老化させ、多くの病気の原因になるといわれている。人間の体は、これを消し去るため酵素やビタミンなどの抗酸化物質を持っているが、ストレスなどで活性酸素が過剰に作られる場合には、野菜や果物から抗酸化物質を摂取して補わなければならない。

紫外線は植物にも同じように有害である。自然の中で紫外線に当たりながら生きていく植物は、体の中に発生する活性酸素を消去するために、ビタミンCやビタミンEなどの抗酸化物質を作り出している。植物が太陽の強い光や紫外線から身を守るために作るビタミンやアントシアニン、カロテンなどの色素を私たち人間が利用させてもらい、病気予防や老化防止をしている。

スーパーマーケットなどでは、野菜と果物の食べる部分だけを販売しているので、葉の形と花を知ってもらいたいために、植物全体の形と花をできるだけ取りあげるようにした。

野菜や果物が子孫繁栄し、命をつなげるための不思議な力、生きる力と私たちの健康を守ってくれる不思議な力を、この本を読んで理解していただければと思っている。また、日本人の野菜と果物の一年間の消費量が少ないようなので、もっとたくさん食べる機会になってくれればと思っている。

2015年11月

斗沢栄一

目次

初出　東奥日報2014年4月8日～2015年5月12日夕刊掲載
※本書は基本的に新聞の掲載日順に編集しましたが、一部入れ替えたところがあります。

〃かさぶた〃で身守る

バナナ（バショウ科・多年草）

皮にボールペンなどで文字を書くと（傷をつけると）黒く文字が浮かび上がる

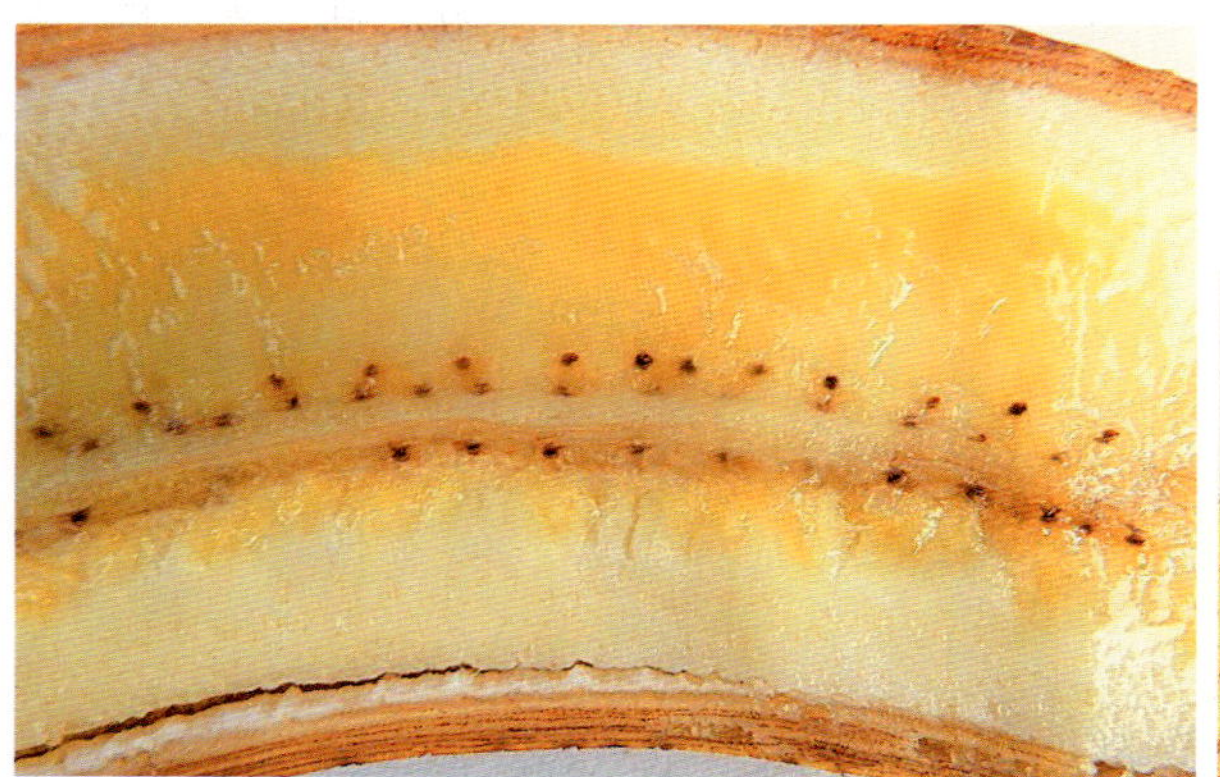

バナナを縦に切ると、タネのなごりが点々と黒く見える。右は、皮の表面にできる茶色の点々で、シュガースポットといい、バナナが甘くなった印である

バナナは熱帯果樹で、わが国では沖縄県以外の地域ではほとんど生産されていないので、輸入が中心である。最も多いのはフィリピン産、次いでエクアドル産、台湾産である。

バナナを包丁などで切って、しばらく置いておくと、切り口が黒褐色になる。これはどんな仕組みで変色するのでしょう。

バナナの実が切られることで、それまで皮に包まれていた果肉や果汁が空気と触れることが原因である。バナナの果肉や果汁の中には、酸素と反応するポリフェノールという物質が含まれており、これが空気中の酸素と接触して黒褐色になる。

新鮮なバナナの皮に、細い針金やボールペン、くぎなど先端がとがったもので文字を書くと（傷をつけると）、はじめは文字がほとんど見えないが、数分で黒みが増し、やがてくっきりと浮かびあがる。新鮮なバナナの皮は、ちょっとした伝言をするためのメモに使える。子供に「遊んだあとは勉強してね」とバナナのメモがあったら、勉強が進むことでしょう。

なぜバナナは切ったり、傷がつくと黒褐色に変色するのか。それは、虫などにかじられて傷が付いた時に、そこから病原菌が入ってくるのを防ぐためである。黒い物質で固めることで傷口を覆ってしまう。人間に当てはめると、この現象は傷口にかさぶたができるようなものである。バナナはかさぶたをつくって、身を守っているのである。

タネのない果物はいくつかあるが、バナナもその一つ。バナナは突然変異によってタネなしができた。タネがなく食べやすいので大切に栽培されて、今ではタネなし果物の代表になっている。タネなしをどのようにして増やしているかと言うと、株の根元から新しい芽が出てくるので、それを育てている。

広げた外葉で光合成

キャベツ（アブラナ科・1年草）

濃い緑の外葉は太陽の光を受けて光合成を行い、できた養分を結球している葉に送る

半切りにすると、丸まった葉の中に太い芯がある。この芯が茎である。右は春に咲くキャベツの花で、小さな４枚の黄色い花びらをつける

キャベツは江戸時代の中ごろにヨーロッパから日本に入ってきて、本格的に栽培が始まったのは明治時代になってからである。

生でもよし煮てもよし、また、油炒め、漬けものにもでき、和食・洋食・中華に人気の野菜である。欧米では生のキャベツを食べる習慣がないようだが、トンカツに添えられた山盛りの千切りキャベツは、主役のカツに勝るとも劣らない存在感を誇っている。

キャベツは現在日本で、ダイコンに次いで2番目に多く食べられている。栄養価の最も大きな特徴は、ビタミンCとビタミンUが多く含まれていることである。ビタミンCは、免疫力を高めて風邪を予防したり、気持ちを落ち着かせる働きがある。ビタミンUは、胃の粘膜を強化したり胃潰瘍を防ぐ作用があり、キャベツから発見されたので「キャベジン」とも呼ばれる。

キャベツは20枚ほど葉をつけると、中の葉が丸く巻き始める。これを結球という。結球することで、畑の虫がつきにくくなる。葉の数は外葉(がいよう)を含めて40～50枚になり、季節や品種によって違いがある。葉は内側ほど柔らかくなり、水分が蒸発しにくいため、長期間保存できる。

収穫の時に畑に取り残され捨てられる濃い緑色の葉が外葉である。大きく広げた葉で太陽の光を受けとめて光合成を行い、結球している葉に養分を送るという大切な役割がある。

キャベツの葉がつるつるしているのは、天然のワックスで覆われているため。水をはじいたり、虫をつきにくくする。また、虫が嫌いなほろ苦い成分も含んでいる。

キャベツの祖先は、ケールと呼ばれる結球しない葉菜であり、青汁の原料に使われている。

たまにタネが見つかる

パイナップル（パイナップル科・多年草）

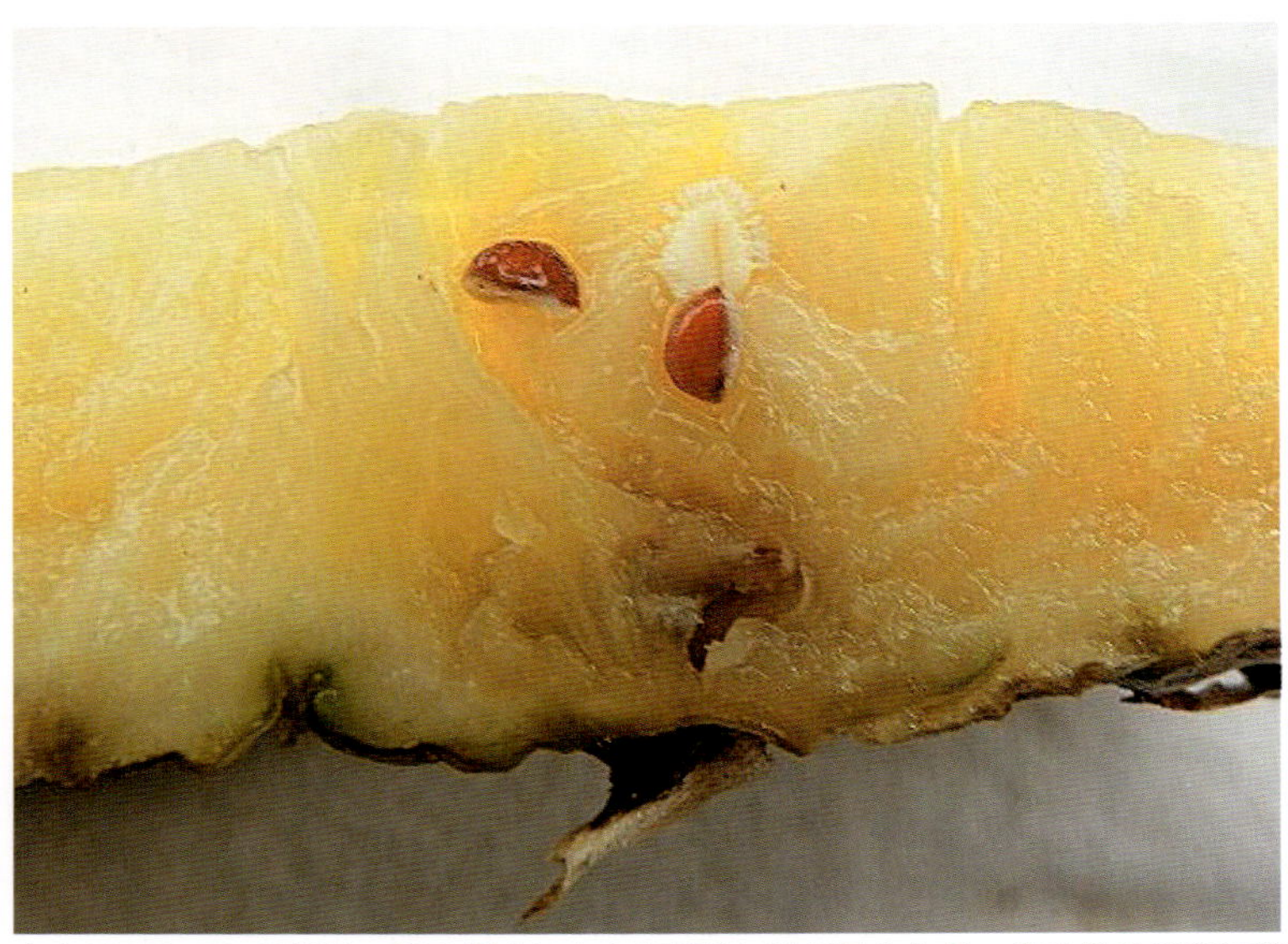

タネができている時は、皮の近くに小さな茶色い粒が見られる。皮を捨てる前に探してみてください

パイナップルの実の形は、松かさ（右）によく似ている

パイナップルは熱帯アメリカ原産で、日本には江戸時代に入ってきた。主な生産国はタイ、フィリピン、ブラジルなどで、日本では99%が沖縄県産、ほかに鹿児島県産がある。

パイナップルの名前の由来は「パイン（松）」と「アップル（リンゴ）」の組み合わせのため、もともとは「パインアップル」である。パイナップルの実の形が、松かさ（松ぼっくり）によく似ていることからきている。英語のアップルは、かつてはリンゴを含む果実一般を指すものとして用いられていた。

パイナップルは自家不和合性（じかふわごうせい）の性質を持っているため、本来は「タネなし」である。といっても、タネをつくる能力は残っている。ハチなどが他の畑から品種の違うパイナップルの花粉を運んできてめしべにつけると、受粉してタネができる。

タネは茶色で幅2ミリ、長さ5ミリくらいの大きさ。私たちが食べる果肉とぶ厚い皮の間にできる。ほとんどついていないが、たまに一つの実につき5~7個見つかることがある。

このように、基本的にタネができないパイナップルは、切り取って収穫した後に、株の基部から出てくる子株を株分けして次の株を養成している。

パイナップルの果汁には「ブロメライン」といわれるタンパク質分解酵素が含まれている。この酵素は、実が病原菌に感染したり、虫にかじられるのを防ぐ役割を果たしている。

パイナップルと肉類を一緒に食べると、酵素の働きが消化を助けてくれる。また、生肉と一緒にしておくと肉が柔らかくなる効果もある。

パイナップルを多く食べると、舌がピリピリして口の中が荒れることがあるが、これはパイナップルに含まれているシュウ酸カルシウムという針状の結晶が原因である。

豊富な栄養で疲労回復

アスパラガス（ユリ科・多年生）

右から紫アスパラガス、ホワイトアスパラガス、グリーンアスパラガス

雌株には花が咲いた後、直径５ﾐﾘほどの緑色の実がなり、秋になると赤く色づく。雌株も雄株もつりがね形の小さな花（右）が６月に咲く

アスパラガスの栽培は1871（明治4）年、北海道開拓使がアメリカから北海道や青森県に持ち込んだのが始まりと言われている（能戸忠夫著「たべもの植物記」）。雌雄異株（しゆういしゅ）で、雌株には花が咲いた後、緑色の実がなり、秋になると赤く色づく。

アスパラガスには、ホワイトアスパラガス、グリーンアスパラガス、紫アスパラガスの3種類がある。ホワイトアスパラガスとグリーンアスパラガスは品種が同じで栽培方法だけが異なる。ホワイトアスパラガスは、土寄せをして光を当てずに軟白栽培する。一方、グリーンアスパラガスは、土寄せをせず、日光に当てて普通に栽培する。

ホワイトアスパラガスはやわらかくて香りが良いのが特徴で、かつては缶詰用だったが、近年は生のものも出回っている。栄養価はグリーンアスパラガスの方が高い。また、紫アスパラガスはグリーンアスパラガスに比べてアントシアニン、ビタミンC等がさらに10倍と多く、糖度が1～2度高い。

アスパラガスはタンパク質、ビタミンA、アスパラギン酸などを多く含む。アスパラギン酸はアミノ酸の一種で、アスパラガスから発見されたことにちなんで命名された。新陳代謝を促進させる成分で、疲労回復に効果がある。疲れをとりスタミナをつけてくれるので、栄養ドリンクに使われている。

アスパラガスは1本の株から芽が何本も生える。取っても取っても土の中から次々と芽が出てくるので、とても元気がいい。一度植えておけば10年以上も収穫することができる。これは、アスパラギン酸を含んでいることと、栄養を蓄えておく貯蔵根が土の中にたくさんあるためだと言われている。

年に何回も収穫できる

ニラ（ユリ科・多年草）

葉ニラ（右）と黄ニラ。黄ニラは葉ニラと同じものに、芽が出る前にダンボール箱などをかぶせ、光が入らないように軟化栽培したもの

ニラは夏に小さな花がたくさん集まって咲き、大きな花のように見せて昆虫を呼んで受粉をする。秋に黒く小さな種を結実させる

ニラは東南アジア各地に自生している。日本に伝えられたのは古く、9～10世紀には栽培されていたようである。ニラはヨーロッパでは栽培されておらず、アジアだけの野菜である。

ニラには葉ニラ、黄ニラ、花ニラの3つの種類がある。最も一般的なものは葉ニラで、その色から青ニラとも呼ばれる。黄ニラは葉ニラと同じものであるが、日光を当てずに育てる軟化栽培をして黄色に育てたもので、香りは淡く、ほのかに甘い上品な味で、中華料理によく使われる。

花ニラは花のつぼみと若い茎を食べるもので、専用の品種が栽培されている。シャリッとした歯ごたえが特徴で、葉ニラに比べにおいも少なく甘みがある。

ニラの強いにおいはアリシン（硫化アリル）と呼ばれる成分で、ビタミンB１と結合してその吸収を高めて糖の代謝を促進する効果があるため、免疫機能強化や疲労回復に役立つ。

ニラは栽培の仕方によっても違うが、同じ株から年に４～６回ぐらい収穫できる。刈られても刈られても芽を出すことができるのは、成長点が地際にあるためである。植物の成長点は茎の先端にあるのが一般的であるが、ニラは地面のすぐ近くに短い茎があり、そこから葉を上に伸ばしていく。だから、葉を何回も収穫しても成長点は失うことがない。

東南アジア各地に自生しているニラのふるさとは、モンゴルの草原地帯ともいわれている（稲垣栄洋著「身近な野菜のなるほど観察記」）。ニラは草食動物に食べられても食べられても負けずに茎を伸ばせるように進化してきたのである。また、牛や馬などはニラのにおいを嫌うので、強いにおいもそれらの草食動物に食べられないために発達してきたと考えられている。

粘り気に高い健康効果

オクラ（アオイ科・1年草）

オクラは花後６日ぐらいで食べられる。10日もたてば固くなって食べられなくなる

オクラはハイビスカスのように大きくきれいな花を咲かせる。中心のめしべの黒と花びらのクリーム色の二色効果で昆虫を呼び受粉をしてもらっている。右は五角オクラの実の断面

オクラはエジプト、エチオピアなどアフリカ東北部の原産といわれ、エジプトでは約２０００年前に栽培されていた記録が残っているといわれている。18世紀にアメリカに伝わり、日本には明治初期にアメリカから入ってきた。

種類は実の断面が五角形をした五角オクラが一般的だが、断面が丸い丸オクラ、薄い緑色で筒形の白オクラ、きれいな赤色をしている赤オクラ、断面がギザギザで星の形をしたスターオブデイビッドなどがある。

生産地は鹿児島県、高知県、沖縄県などである。最近は東南アジアからの輸入などで、一年中販売されている。

オクラは刻むとヌルヌルとした粘り気が出る。これはペクチンという植物繊維と、ムチンという糖タンパク質である。ペクチンには高い整腸作用と胃の粘膜の保護作用があり、コレステロールを下げる働きもあるようである。ムチンはタンパク質の分解を助ける作用がある。

オクラの粘り気は、私たちにとっては健康を守ってくれる物質であるが、本来はオクラ自身の身を守るためにある。虫などに実をかじられたときに粘り気が出てくるので、虫が寄りつかなくなる。また、このネバネバには保湿効果があり、種子のまわりの乾燥を防ぎ水分を保つ効果があるといわれている。

野菜の花は小さく目立たないものが多いが、オクラは淡いクリーム色の美しく大きな花を咲かせる。ハイビスカスと同じアオイ科で、早朝に咲き午後には閉じる一日花である。花は中心部のめしべが黒くなっていて、花びら（花弁）のクリーム色と美しいコントラストをみせる。花びらと中心のめしべで色を変えてコントラストを描くのを「二色効果」と呼び、植物の花にはよくある。

細胞壊すほど辛味増す

ワサビ（アブラナ科・多年草）

清流で栽培されている沢ワサビ

沢ワサビの根茎（右）と、畑で栽培された花と茎、葉を食べる花ワサビ。小さな白い花をたくさん咲かせる（右）

ワサビは日本原産で、根茎のほかに葉や花も食用にする。セイヨウワサビ（別名ワサビダイコン、ホースラディシュ）と区別するため、本ワサビと呼ぶこともある。

渓流や湧き水で栽培したものを沢ワサビ（水ワサビ）、畑で栽培したものを畑ワサビと言うが、どちらも品種は同じである。沢ワサビの根茎は年々大きくなり、生ですり下ろして刺し身などに使うが、畑ワサビの根茎は大きくならないのでほとんど食べられていない。

花ワサビや葉ワサビと呼ばれるものは、根茎部分の株から出る花芽や葉のことである。ワサビの花は春に咲き、つぼみの状態の若い花茎を食べるのを花ワサビという。春から秋にかけて根茎の先から次々と出る葉を食べるものが葉ワサビで、これも春が旬である。花ワサビも葉ワサビも畑ワサビからの収穫が多いが、沢ワサビからも収穫される。

一方、ヨーロッパ原産のセイヨウワサビは、ワサビと同じアブラナ科で、畑で栽培されている。根茎は白く、香りはダイコンに似ていて、日本原産のワサビに似た強い辛味がある。栽培は容易で、生命力が強く、根の断片を土中に埋めるだけで発芽する。

スーパーなどで販売されている「わさび」は生ワサビもあるが、ほとんどはチューブ入りと粉末が多い。本ワサビを使用しているものもあるが、多くはセイヨウワサビを使っている。チューブ入りのワサビや粉ワサビを購入したら、原材料名を調べてみてほしい。

ワサビの辛味成分には強い殺菌作用がある。辛味はもともと虫に食べられないための防衛物質であるため、かじられて細胞が壊れたときに発揮するように工夫されている。つまり、細胞を壊せば壊すほど辛味は増すことになる。ワサビをきめの細かい鮫（さめ）皮（かわ）のおろしでするとと辛くなるのは、それだけ細胞がたくさん壊れるからである。

接ぎ木技術で安定生産

キュウリ（ウリ科・1年草）

右端は正常な生育をしたキュウリ。左側3本は、ものに触れるなどの原因で曲がったキュウリ。どれも栄養価は同じである

イボの上に小さなトゲがたくさんついているのは、虫などの食害から身を守るためである。右はキュウリのめ花

キュウリはヒマラヤ山脈南部のインド原産で、日本では平安時代から栽培されていたといわれている。温暖な気候を好むつる性植物である。一つの株にめ花とお花のある「雌雄異花（しゆういか）」であるが、単為結実（たんいけつじつ）を行い、実を大きくする。

キュウリは栽培技術の発達により、一年中生産されて食べられているが、旬は夏である。栄養価は低いが、ぱりっとした食感とすっきりした味わいから、サラダや漬物、もろみをつけて食べるモロキュウなどに利用されている。また、約95％が水分のため、暑い季節にはのどの渇きを癒やし、体の熱を取ってくれる。

江戸時代、河童（かっぱ）はキュウリが好きだと考えられ、初物を川に流して水の神である河童に供える風習があった。すし屋でキュウリののり巻きをカッパというのはここからきているようだ。

現在のキュウリの安定生産を支えているのは、接ぎ木技術の普及である。地上部には品質の優れたキュウリ、地下部は病気に強く低温でもよく成長するカボチャの台木を使っている。市場に出回っている90％以上が接ぎ木栽培によるといわれている。

市場やスーパーで販売されているキュウリは真っすぐのものが多いが、家庭で栽培すると曲がったキュウリが意外とできる。曲がる原因は、地面や葉などに触れることや、水分、肥料、日照の不足によるものが多い。真っすぐでも曲がっていても栄養価は同じである。

キュウリのめ花が咲き終わり、小さな実ができ始めた頃に観察してみると、イボがあり、その上に小さなトゲがたくさんついている。これは、若い実を虫や他の動物に食べられないように身を守るためである。スーパーなどで販売されているキュウリに痛いトゲがついているのは、新鮮な証拠である。

さやの中はふわふわ

ソラマメ（マメ科・1年草）

ソラマメのさやは若いうちは上を向き、マメが熟するにつれて横向きになり、下向きになったら収穫どきである

長さ10〜20㌢のさやの中に、2〜4個のマメが入っている。さやの中は綿のようにふかふかでやわらかく、寒さなどからマメを守っている。黒色の斑紋のある白い花を咲かせる（右）

ソラマメの原産地ははっきりしないが、地中海沿岸、西南アジアと推測されている。日本には、インドの僧が8世紀に伝えたといわれている。マメ類の中でマメ（種子）が最も大きい種類である。ヨーロッパでは新石器時代の遺跡から発見されていて、栽培の歴史はとても古く、世界最古の農作物の一つだといわれている。

和名の「空豆」の由来は、さやが若いうちは上向きにつき、空を向いていることから来ている。中のマメが大きくなると横を向き、食べ頃になると下向きになる。

食べ方は、塩でゆでるか、さやごと焼いてマメをそのまま食べるのをはじめ、炒め物やスープなど幅広く用いられる。また、豆板醤（トウバンジャン）の原料としても使われている。

さやを割ってマメを取り出す時に、さやの中に触ってみると、綿のようにやわらかく、ふわふわしている。マメのベッドのようだ。これは主に細胞を包む細胞壁の中の「セルロース」という繊維でできていて、マメを寒さなどから保護している。「そらまめくんのベッド」（福音館書店）という絵本があるので、子どもたちに読んで聞かせてほしい。

エンドウなどのマメ科植物はつる植物が多い。支柱やほかの植物に巻きつきながら伸びるので、自分の力で立つために茎を丈夫にする必要がない。だが、ソラマメはつるがなく、支柱に巻きつくことができないので、自らの力で立っている（実際の栽培では、風で倒れないように支柱を立て、丈夫なテープを張って栽培している）。

ほとんどの植物の茎は丸いが、ソラマメの茎は四角形である。同じ断面積であれば、丸よりも四角のほうが風など横からの力に対して強さを発揮する。この四角形の効果はコンクリート電柱やビニールハウスなどのアルミパイプでも力学的に証明されている（成澤郁夫「形の科学　円と四角形」）。

消費量世界一の野菜

トマト（ナス科・1年草、多年草）

ミニトマトは一つの果房に10〜40個ぐらい実がなるが、このミニトマト（品種：イエローアイコ）は106個の実がついた

果実の先端部分から出る、星のように見える白いすじをスターマークという。スターマークがあるトマトは甘くておいしいといわれている。右は下向きに咲くトマトの花

トマトの原産地は南アメリカのアンデス高地、標高2千～3千メートルの場所だと考えられている。日本には江戸時代に長崎へ伝わったのが最初とされている。栽培されるようになったのは明治時代から、サラダで食べられるようになったのは戦後になってからである。日本では冬に枯死するため1年草であるが、熱帯地方では多年草である。

トマトは大きさによって大玉、中玉、ミニに分類するのが一般的だが、色による分類では、赤色系、ピンク系、黄色系、黒色系に大別される。この他に緑色、褐色などがある。日本ではピンク系が生食用として多く生産されているが、ヨーロッパ等の海外では赤色系が多い。

生食の他にケチャップ、トマトソース、ピザソースなどに用いられる。トマトの年間消費量は野菜の中でダントツの世界一である（ホームページ「カルビーの食育」より）。

トマトの赤い色素はリコピンで、がん、高血圧の予防に効果があるといわれている。最近出回るようになった黄色いトマトにも、種類は違うがしっかりとリコピンが含まれていて、むしろ赤いトマトより量が多く、人間の体に吸収されやすいようである。

栽培技術の進歩により、一年中食べられるトマトだが、夏が一番おいしい季節である。数年前から「フルーツトマト」という名前のトマトが出回っている。これは品種名ではなく、水をギリギリまで控えて育てたトマトのことをいう。果実は小さいけれど、とても甘くて味が濃いのが特長だ。

トマトが嫌いな人は、ヌルヌルしたゼリーと種の部分が苦手のようである。ゼリーにはうま味成分のグルタミン酸が多く含まれている。小鳥などの動物が大好きで、このゼリーを食べて種を遠くへ運んでくれる。

トマトの花言葉は「感謝」である。一年中いつでも食べられるトマト。生産者に感謝して食べたい。

動物に食べられるため

トマトはなぜ赤い？

トマトの鮮やかな赤は、鳥や動物に目立つように進化した色である

鳥はツバキの花びらの赤色に引き付けられて飛んでくる。私たちも赤提灯（右）にふらりと吸い寄せられる

南米アンデスの高地が原産地のトマトは、ヨーロッパに伝わった時、赤い果実が鮮やかすぎるので、有毒植物だと思われていた。日本では明治時代に入って食べられるまで、赤ナスと呼ばれ、観賞用植物とされていた。

トマトが赤いのには理由がある。植物の果実は鳥や動物に食べられて、ふんと一緒に種子を排出させることで、種子を遠くまで運ばせることができる。鳥や動物にとって赤は最も目立つ色なので、トマトの果実は鳥や動物に発見されやすいように赤く「進化」したのである。

トマトだけでなく、リンゴやモモ、カキ、ミカンなど、木の上で熟した果実は赤、だいだい、桃色のように赤系の色をしていることが多い。これも、鳥や動物に果実の存在を認識してもらうためである。

一方、熟していない果実は緑色をしていて苦い。種子が未熟なうちに食べられては困るので、苦味物質を出して果実を守っているのである。種子が熟してくると、果実は苦味物質を消去し、糖分を出して甘くおいしくなる。そして、果実の色を緑から赤に変えて食べ頃のサインを出す。

地球上に存在する花の色は、白、黄色に次いで赤が多い。その代表的な花がツバキである。ツバキは鳥を呼ぶための蜜もたくさん準備しているが、鳥はなんといっても花びらの赤色に引き付けられて飛んできて、受粉をしてくれる。

赤色には人間の副交感神経を刺激し、食欲をかき立てる作用がある。飲食店の看板は赤を基調にした配色が多い。また、牛丼にも紅ショウガが添えられている。

赤いトマトなど熟した果実が食欲をそそるのはもちろんだが、夜にともる赤提灯（ちょうちん）に私たちがふらりと吸い寄せられるのも、無理もないことである。

※参考文献「身近な野菜のなるほど観察記」
（稲垣栄洋、草思社）

さわやかな甘酸っぱさ

キウイフルーツ（マタタビ科・多年草）

キウイフルーツは葉が比較的大きく、つる性で自在に仕立てることができる。きわめて豊産性で毎年驚くほど多くの果実が収穫できる。右は雌花

左側は果肉が緑色のグリーンキウイで皮に毛がある。右側は果肉が黄色のゴールデンキウイで、皮に毛はほとんどない。右は品種改良の元になったサルナシの縦断面

キウイフルーツの原産地は中国である。19世紀初めに中国を訪れた旅行者が、自生している「シナサルナシ」の種をニュージーランドに持ち込み、農夫たちによって品種改良され、現在のキウイフルーツが誕生した。

ニュージーランドではその後50年ほどで生産量が安定し、輸出されるまでになった。その際、名前を外国にアピールするため、ニュージーランドの国鳥「キウイ（キーウィ）」の名前を使用してキウイフルーツになったといわれている。

キウイフルーツは雌雄異株で、雌株と雄株の2本植えないと実がならない。ビタミンCが豊富でさわやかな甘酸っぱさが人気である。果肉が緑色のグリーンキウイと、果肉が黄色のゴールデンキウイが大半を占めるが、果肉に赤みがあるものや、長さ2～3チセン前後の小さなベビーキウイなどもある。

スーパーなどでは1年中出回っていて、4～12月頃は国内産が店頭に多く並ぶ。外国産の多くはニュージーランドから輸入したものである。日本は、12～4月は自国での消費のほかに、台湾、香港、フィリピンの3カ国へ輸出している（2013年財務省統計）。

青森県でも栽培されていて、ほとんどは家庭用であるが一部は出荷されている。日本での生産量の順位は、愛媛県、福岡県、和歌山県の順である。この3県で全体の6割を占めている（14年）。

キウイフルーツの生産量世界一はイタリアで、ニュージーランドは2位、3位はチリである。日本は8位である（12年）。

「キウイ・ハズバンド」という言葉がある。キウイを栽培する夫のことではない。雄が子育てをする鳥のキウイにかけて、家事や育児に協力的なニュージーランド人男性のことを言い、「世界一の夫」の称号を得ている。

白い液体で身を守る

レタス（キク科・1年草）

収穫前のレタスは大きな外葉（がいよう）を広げて光合成をしている。葉の数は結球しているものを含めると30～50枚ある

レタスを収穫する時に茎を切ると白い液体が出る。なめると苦い。この苦さで虫に食べられないようにしている。右はレタスの花

レタスの原産地は西アジアから地中海沿岸で、栽培が始まったのは中東地域とされている。結球性レタスは明治初めに日本に伝わり、戦後、食生活の洋風化から大幅に消費が増加した。

レタスはキャベツのような形をしていて、同じく葉を食べるが、キャベツはアブラナ科、レタスはタンポポに似た花を咲かせるキク科である。暑さに弱く、夏は長野県や岩手県、群馬県などの高冷地で栽培されている。

レタスの種類は、結球する玉レタス、結球しないで葉に縮みがあるサニーレタスなどのリーフレタス、茎を食べるステムレタスなどがある。一般にレタスと呼ばれているのは玉レタスのことである。

収穫、輸送の仕方は産地や時期によって違うが、夏場の収穫は夜中の1時ごろから始まるという。カンテラ（照明器具）をつけ、機械ではなくすべて手作業で収穫する。新鮮さを保つため、日の出前に作業し、収穫が終わるのは明るくなる5時ごろ。この後箱づめをして箱ごと予冷する。夕方に保冷車に積んで各地の市場に出荷され、翌日には店頭に並ぶ。

レタスの茎を切ると白い液体が出る。これは「ラクチュコピクリン」というもので、なめると苦い。この苦さで虫に食べられないように身を守っている。レタスがまだ野草だった頃に進化したと思われる。

同じ場所に無農薬でレタスとキャベツ、白菜を栽培すると、キャベツと白菜は虫に食べられるが、レタスは食べられないのである。購入したレタスの茎を切ったときに白い液体が出るのは、新鮮な証拠でもある。

レタスのラクチュコピクリンには神経を穏かに落ち着かせ、眠りを誘う働きがあるといわれている。

食べ方、呼び名さまざま

エンドウ（マメ科・1年草）

実が成長する前に食べるのをサヤエンドウ、大きくなった実だけを食べるのがグリーンピース

【上左】若いさやを食べるサヤエンドウ、【上右】実だけを食べるグリーンピース、【下左】さやも実も食べるスナップエンドウ、【下右】エンドウの若芽を食べる豆苗。右下は花

エンドウの原産地は地中海沿岸で、日本へは江戸時代に中国から伝わり、栽培が盛んになったのは明治時代以降のようである。

エンドウは漢字で「豌豆（えんどう）」と書く。さやの形が曲線を描くので、美しく曲がる意味の「宛」という字に豆へんをつけて「豌」の字をつくり、さらに「豆」を重ねて「豌豆」としたといわれている。

エンドウは、さや、実、種子、若芽の食べる部分の違いにより、サヤエンドウ、グリーンピース、エンドウマメ、スナップエンドウ、豆苗（とうみょう）に分けている。

サヤエンドウは絹サヤエンドウとも呼ばれ、花は赤花系と白花系がある。中の実が育っていない若いさやを収穫したもので、さやの緑が濃く、実が感じられないほど薄いものが上質といわれる。

グリーンピースは、さやは食べずに大きくなった実だけを食べるものをいう。缶詰や冷凍ものは一年中手に入るが、生鮮グリーンピースの旬は春から初夏である。

実が大きくなり完熟、乾燥したものを一般にエンドウマメと呼んでいる。

スナップエンドウは、昭和50年代にアメリカで育成された。全米の野菜の中で金賞に輝いたもので、実が大きくなってもさやがやわらかく甘みもあり、豆とさやの両方を食べる。ゆでて塩やマヨネーズをつけて食べると食感がよい。

中華料理で使われる豆苗はエンドウの若芽で、エンドウの風味と香りがあり、炒め物やスープなどに使われる。最近スーパーマーケットの野菜売場で見かけるようになった。

メンデルがエンドウを実験材料にして遺伝の研究を行い、「メンデルの法則」を発見、遺伝学の歴史に大きな足跡を残した。

第三のビールは原料に麦芽を使用できないが、サッポロビールが２００４年にエンドウのタンパクを用いて「ドラフトワン」を最初に開発した。

表皮の網目はかさぶた

メロン（ウリ科・1年草）

メロンのネットは受粉後15日くらいで出始める。写真は縦にひびが入りはじめたところ。この後、横にひびが入る

左側はアンデスメロン。つるを残すのは高級感を出すためと、１株から１果しか収穫しませんよ、というしるしでもある。右側はプリンスメロン。メロンのめ花（右）

メロンはつる性植物で、原産地は北アフリカや中近東といわれている。日本での本格栽培は、1924（大正13）年に静岡県で行われたのがはじまりといわれている。

日本では現在、食味の向上や耐病性をつけるために、いろんなタイプを交配させ、たくさんの品種が作られている。形態や利用上の違いから、ネット（網目）メロン緑肉系、ネットメロン赤肉系、ノーネットメロンの三つに分類されている。

アンデスメロンは高級感のあるネットメロン緑肉系である。「アンデス」という名前からアンデス山脈を連想し、南米で作られたメロンだと思う人もいるだろうが、作ったのは日本人である。

病気に強く「安心して栽培でき」「安心して食べることができる」ということから「安心です」が「アンデス」になったといわれている。

プリンスメロンはノーネットメロンの代表的メロンである。ヨーロッパ種のメロンとマクワウリの交配種で、味に当たりはずれがないメロンとして大ヒットし、メロンの新時代を築いた。

発売が62（昭和37）年だったため、皇太子ご成婚にちなんでプリンスメロンと命名されたと書いている説明が多いが、開発した株式会社「サカタのタネ」広報部によると、横浜の青果商グループ「プリンス会」が試食し、おいしいと太鼓判を押したことから命名されたという。

ネットメロンのネットはどうしてできるのか。メロンが大きくなる過程で、ある時期に表皮の成長が止まってしまう。しかし、中の果肉はどんどん大きくなっていくので、表皮にひび割れができる。割れた箇所から分泌液が出て、ひび割れをふさぐために形成されたのがネットである。人間でいえば傷口にできるかさぶたと同じである。

メロンは「果実的野菜」ということで、分類上は野菜である。

未熟な状態のダイズ

エダマメ（マメ科・1年草）

さやの中の実が大きくなり食べ頃のエダマメ。葉は３枚の小葉（しょうよう）が１セットで１枚の葉である

根についた根粒。この中に根粒菌が住み、根から栄養分をもらうかわりに空気中の窒素を取り込んでエダマメに与えている。花は４㍉くらいの白い小さな花（右）

ダイズ（エダマメ）の原産地は中国東北部といわれている。エダマメはダイズが未熟な緑色の状態のときに収穫したものである。新鮮さを保つために、枝につけたまま売っていたのでエダマメ（枝豆）になったといわれている。ダイズを未熟なままエダマメで食べるのは日本だけである。

種類は、一般的なエダマメと茶マメ、黒マメがある。エダマメはさやの毛が白毛で、実は緑色で甘味に富む。茶マメは成長の始めは緑色であるが、食べ頃には実はうっすらと茶色がかってくる。香りが良く甘味が強い。山形県産の「だだちゃ豆」が有名である。

黒マメは、一般には正月の煮マメ用のマメをエダマメにして食べるもので、成長の始めは緑色で、食べ頃は淡い紫色になる。粒が大きく甘味が強く香りが良い。

大人だけでなく子どもにも人気のエダマメであるが、暑い夏は、何はなくても冷たいビール、そして、おつまみにはなんといってもエダマメ。「とりあえずビールにエダマメ」である。

エダマメがもつ良質なタンパク質は、アルコールの吸収を緩やかにして、酔うのを防ぐ。また、エダマメに含まれるビタミンCやアミノ酸のメチオニンは、アルコールの分解を促進する効果がある。エダマメをおつまみにすると、肝臓の負担が軽くなる。ビールにエダマメは理にかなっている。

エダマメの根をよく見ると、数ミリの大きさの丸いコブのようなものがたくさんついている。このコブは根粒（こんりゅう）といい、中に根粒菌というバクテリアが住んでいる。マメ科植物は根粒菌に住みかと栄養分を与え、その代わり空気中に78％ある窒素分を固定してマメ科植物に与える。マメ科植物と根粒菌は持ちつ持たれつの「共生」関係を築いている。

このようなことからマメ科植物は、やせている土地でもよく育つといわれている。

複雑な葉で水分保つ

スイカ（ウリ科・1年草）

スイカの葉は複雑に深く切れ込んだ形で、表面からの水分の蒸発を少なくしている

しま模様は鳥などの動物が見つけやすい。水分たっぷりの赤く甘い果肉も鳥などに食べてもらい、種子を運んでもらうために進化した。右はめ花

スイカの原産地は諸説あるが、アフリカ南部のカラハリ砂漠という説が有力らしい。1つの株にめ花とお花が別々につく雌雄異花（しゆういか）のつる性植物で、花は黄色である。

スイカは年中販売されているが、よく冷えた甘い果汁とシャリシャリとした食感は、やはり夏にぴったりである。大玉や小玉の丸いスイカだけでなく、ラグビーボールのような形のものや、果皮が黒い「でんすけ」、果皮が黄色い「太陽スイカ」など、種類はさまざまある。

スイカは約90%が水分のため、原産地であるアフリカの砂漠地帯では貴重な水分補給源として現在も大切にされている。砂漠のような厳しい環境の中で、スイカが苦労して水分たっぷりの甘い果実を実らせるのには訳がある。それは、赤く甘く熟した果実を食べた鳥などの動物が、種子を一緒に飲み込んで、ふんと一緒に種子を遠くへ運んでくれるからである。果皮のしま模様も、鳥やその他動物に見つかりやすいように発達したといわれている。

メロンやカボチャ、キュウリなどウリ科植物の葉は丸く大きいが、スイカの葉は複雑に深く切れ込んだ形をしている。葉が大きいと、表面から水分が蒸発して萎（しお）れてしまうので、暑い砂漠地帯に生きてきたスイカは、水分の蒸発を少なくするため、水の通り道である葉脈の部分だけを残す形に進化してきたのである。

種なしスイカは元から種がない品種ではなく、本来は種子ができるスイカを種子ができないように処理して栽培したものである。日本で昭和20年代に開発された方法だが、現在は栽培に手間がかかることや、食味がやや劣り消費者に好まれないことなどから、生産量は少ない。

夏に収穫し冬まで保存

カボチャ（ウリ科・1年草）

市場に出回るカボチャの9割は西洋カボチャ。甘味が強く、栗のようにほくほくした肉質で、丸い形が特徴

カボチャには多くの色や形の種類がある。上段真ん中は、縦に溝（ひだ）があるのが特徴の日本カボチャ。右はめ花

カボチャの種類は、原産地と気候条件の適応性などから、日本カボチャ、西洋カボチャ、ペポカボチャの三つに分類されている。

日本カボチャはメキシコ南部や南アメリカが原産で、日本には16世紀にポルトガル船がカンボジアから運んだために、「カンボジア」が「カボチャ」になったという。こうして日本に伝えられたものが日本カボチャと呼ばれている。熱帯原産で高温多湿を好むので、日本でも温暖地で栽培されている。

西洋カボチャは南アメリカのペルーやボリビアが原産地で、標高の高い冷涼・乾燥の気候に適して発達したカボチャである。明治時代に入る直前にアメリカから日本に伝えられた。その後、明治初期に北海道の開拓地を中心に栽培された。江戸時代から日本で栽培されていた日本カボチャに対し、明治時代から日本で栽培されたカボチャを西洋カボチャと呼ぶようになった。

ペポカボチャは北アメリカの乾燥地帯が原産地である。日本には明治時代の初期に入ってきた。オモチャカボチャ、ズッキーニ、ソウメンカボチャなどの種類がある。

江戸時代の昔から、冬至の日にカボチャを食べるとかぜをひかないなどといわれてきた。カボチャの収穫は夏から秋であるが、保存がきくので冬至まで取っておくことができる。太陽の恵みをたっぷり受けて完熟したカボチャを冬至まで保存し、緑黄野菜の少ない冬場に備えたのである。

カボチャの種子についている果肉には、発芽を抑制する物質がついている。それは、長期保存中に発芽しないようにするためである。野生の状態では動物に食べられて、ふんと一緒に種子を散布するようになっている。動物に食べられると、発芽抑制物質のある果肉は取り除かれるので発芽できる。

自宅で栽培したカボチャから採種する時は、種子をよく洗うと大丈夫である。

巻きひげがバネの役割

ゴーヤ（ウリ科・1年草）

ゴーヤは生育旺盛でつるが良く伸びるので、日よけのグリーンカーテンとしても利用できる。右下はめ花

ゴーヤの果実は未熟なうちに食べる。苦味が特徴である。下の巻きひげは左側は左巻きだが、途中で逆になり右側は右巻きになっている

ゴーヤの原産地は熱帯アジアで、呼び名は生物学では「ニガウリ」、農学・園芸学では「ツルレイシ」を用いることが多い。沖縄本島では「ゴーヤ」と呼ぶのが一般的で、沖縄料理ブームの影響もあり、全国的にもゴーヤを使用することが多くなっている。

ゴーヤの苦味は「モモルデシン」といわれる成分で、胃の働きを活発にする働きがあるので、夏バテにぴったりの野菜である。

ビタミンCやミネラルもたくさん含んでおり、特にビタミンCはキュウリの10倍もある。しかも、野菜のビタミンCは一般的に熱に弱いが、ゴーヤの場合は加熱しても壊れにくいため、調理してもしっかりと体に吸収できる。

表皮はいぼいぼに覆われ、ごつごつしている。このいぼいぼの中身は水分である。いぼいぼがみずみずしく、緑色がむらなく濃いのが新鮮な証しだ。

ゴーヤはつる性植物であるが、アサガオのようにつる自体が巻きついて成長するのではなく、つるから出る「巻きひげ」が支柱や網に巻きつくことで上に伸びていく。

最初まっすぐ伸びていた巻きひげは、支柱に触れると巻き付き、らせん状になる。巻きひげの真ん中くらいになると、巻き方を反対に変え、ひげの根元に向かって巻いていく。つまり、右巻きと左巻きの2種類のらせんができる。それがバネの役割を果たし、ゴーヤが支柱にしっかり固定される上に、伸び縮みして巻きひげが切れるのを防いでいる。

巻き方が同じだと、一方向にねじれたら切れてしまう。それを防ぐために途中で逆になっている。同じウリ科のキュウリ、カボチャ、ヘチマも同じ巻き方をする。ぜひ観察してみてほしい。

集中力を高める効果も

ミョウガ（ショウガ科・多年草）

葉と茎に見えるのは「偽茎（ぎけい）」と呼ばれる葉が巻いたものである。左下は花が咲いた様子

ミョウガは花が咲く前のつぼみの状態を食用にする。右はミョウガの横断面。白い楕円（だえん）形のつぼみが11個あるのが分かる

ミョウガは中国や日本などアジア東部の温帯地帯が原産地と考えられている。赤紫色のきれいな色合いをしており、シャキシャキした歯ざわりと独特の香り、ほのかな苦みがある。冷ややっこ、そうめんなどの薬味や刺し身のつまなどによく使われる。ミョウガを食用としているのは、日本のほかには台湾と韓国の一部だけのようである。

ミョウガは日本全国の裏庭や家庭菜園の片隅で、薬味用などとして栽培されている代表的な野菜である。生育に適した地は樹木の下など半日陰の場所で、地下茎で増える。

私たちが食べているミョウガは「花ミョウガ」ともいわれ、花が咲く前のつぼみの状態を食用にしている。ミョウガの中にはたくさんのつぼみが集まっている。赤紫色の部分の先から、淡黄色の花が出てくるが、1日もたたないうちにしぼんでしまう。ところが、次の日にはまた新しい花が出てくる。こうして一つのミョウガに3〜12個ぐらいの花が咲く。花が咲いても種子はできないが、ごくまれに夏から秋にかけて気温が高い時に、実を結ぶことがある。

ミョウガの香りは主に「α—ピネン」という成分によるもので、血行をよくして体を温めるほか、食欲増進や消化促進などの効果があると言われている。

ミョウガを食べると「物忘れがひどくなる」と言われているが、学術的な根拠はなく、栄養学的にもそのような成分は含まれていない。逆に近年、香りの成分に集中力を高める効果があることが明らかになっている。

ではなぜミョウガを食べると「物忘れがひどくなる」という迷信ができたのか。その理由は、物忘れが激しかった昔のお坊さんのお墓からミョウガが生えてきたという説と、ミョウガは刺激が強いため、子どもにあまり食べさせないように親が言い出したという二つの説があるようだ。

未成熟の果実を収穫

ピーマン（ナス科・1年草）

トウガラシを改良してできたピーマンは、未成熟の緑色の果実を収穫する。右上は6枚の花びらを持つピーマンの花

オレンジ、赤、黄色のパプリカ。右はこどもピーマンで、子どもの嫌いな苦味と青くささがない

ピーマンの原産地は熱帯アメリカである。トウガラシを改良してできたもので、トウガラシの辛味をなくし、食べる部分の皮を多くしたため、中身が詰まっておらず、からっぽである。

種類は、一般的な緑色の他にパプリカ、こどもピーマンなどがある。パプリカはカラフルで大型の品種で、普通のピーマンに比べると苦味や青くささがなく甘味がたっぷりある。パプリカもピーマン同様に、ある程度大きくなるまでは緑色である。こどもピーマンは小型だが肉厚で、ピーマン嫌いの子どもでも食べられるように苦味と香りを抑えている。

私たちが食べているピーマンは未成熟の状態の果実を収穫している。まだ熟していないので、鳥やその他の動物に食べられないように苦味や強いにおいをそなえている。未成熟のときに収穫せず、長く栽培すると完熟して真っ赤になり、苦味やにおいが消えて甘味が出てくる。鳥などに食べてもらい、種を遠くへ運んでもらうように変化するのである。

ピーマンの栄養成分は、ビタミンＣが特に多く、レモンの約１・５倍含まれている。私たちの健康に欠かせないビタミンを最初に発見したのは、日本人の鈴木梅太郎博士である。１９１０年に脚気（かっけ）の研究の際、米ぬかから成分を発見し「オリザニン」と命名した。これは現在のビタミンＢ１にあたる。

一方、ビタミンＣは、ハンガリーの科学者セント＝ジェルジ・アルベルト博士によって、ピーマンから発見された。ジェルジ博士は１９３７年度にノーベル生理学医学賞を受賞した。

ピーマンは6枚の花びらで形の整った白く可憐（かれん）な花を咲かせる。夜空に青白く輝く星のようでもある。花はなぜか下を向いて咲いている。花言葉は「同情」である。

本能で緑色を避ける

子どもはなぜピーマンが嫌い？

子どもの好きな野菜

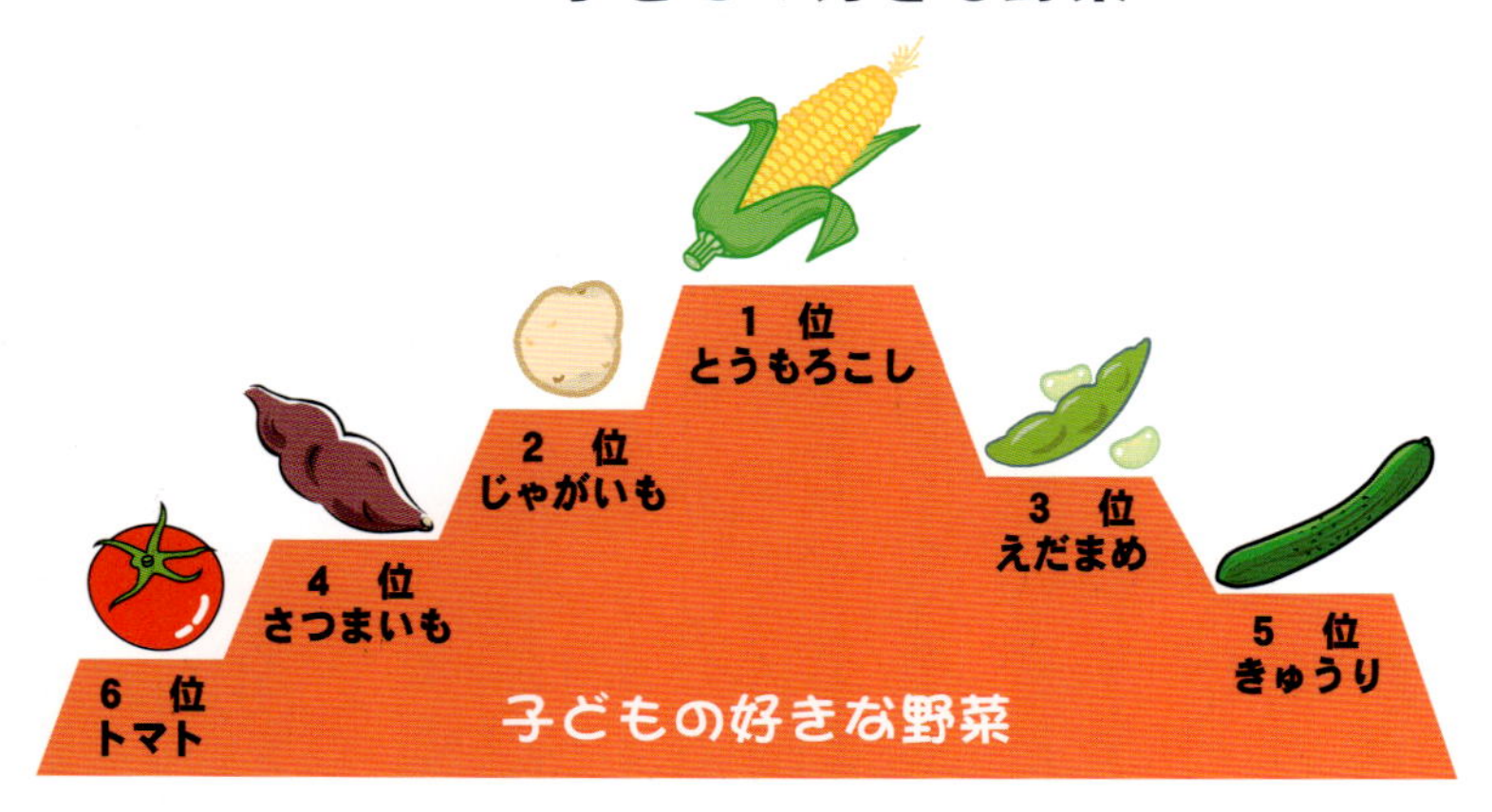

子どもの嫌いな野菜

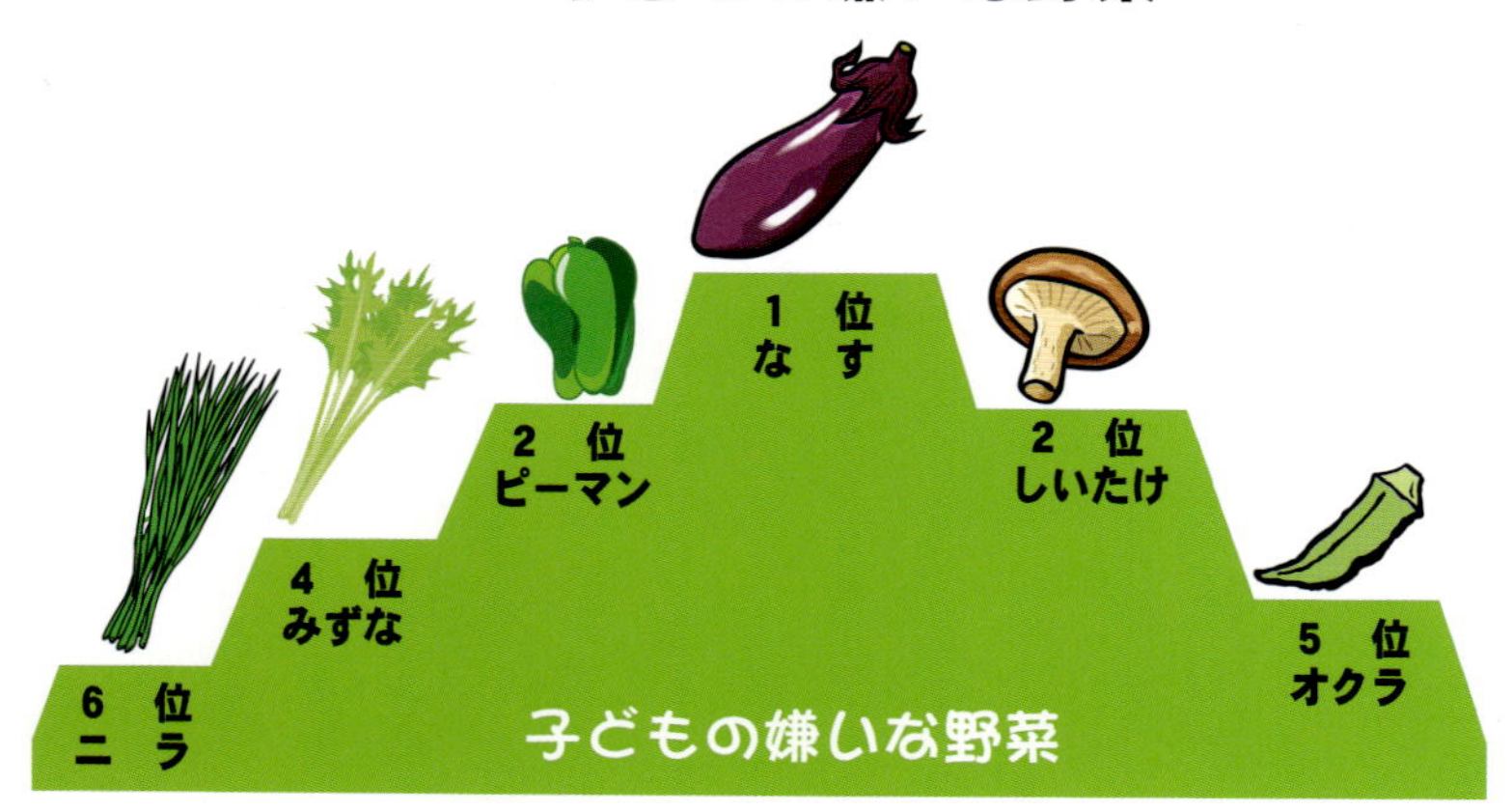

カゴメ株式会社 2011 年調査より作成

今回は子どもの野菜の好き嫌いについて、カゴメ株式会社「子どもの野菜の好き嫌いに関する調査報告書」(２０１１年)を参考に紹介したい。

子どもの好きな野菜は、１位「とうもろこし」２位「じゃがいも」３位「えだまめ」。一方、嫌いな野菜は、１位「なす」２位「ピーマン」と「しいたけ」。ちなみに、08年の同社の調査によれば、好きな野菜の１位は「さつまいも」、嫌いな野菜の１位は「ピーマン」だった。

また、親が子どもにこれだけは食べてもらいたい野菜は、１位「ほうれんそう」２位「トマト」３位「ピーマン」である。

子どもの野菜の好き嫌いと母親の野菜嫌いとの関係では、「母親の野菜の好き嫌いが子どもの頃からある」が「子どもの頃からない」に比べると１・９倍の73・１%と高いポイントである。母親の野菜の好みが子どもにも影響を与えている傾向が見られる。

子どもが好きな野菜、嫌いな野菜の図を見ると、「好き」(図上)の方は赤色や黄色で甘味があるものが多く、「嫌い」(図下)には緑色で苦味や臭いのある野菜が多い。

これには理由がある。私たち人間が酸味や苦味を嫌う傾向にあるのは、実は本能によるものだといわれている。大人も、緑色のトマトや柿は食べない。未熟な果実は一般的に緑色で苦味が強く、食べるとおなかをこわすおそれがあることを知っているからだ。

エネルギー源となる糖分には甘味、タンパク質やアミノ酸などの栄養素にはうま味がある。それに対し、腐った食べ物や熟していない果物には酸味があり、毒には苦味がある。つまり私たちは、本能的に味覚で、食べて良いものと、いけないものを選別している。これが酸味と苦味が嫌われる本質的な理由である。

大人は経験でピーマンなどの苦味を知っているが、子どもは本能的に「緑」は食べる色と認識していないことが多いようだ。

ナス（ナス科・1年草）

スポンジ状の実が特徴

ナスの葉は大きいと長さ20㌢にもなり、よく見ると1枚も同じ形はない

（左から）大長ナス、長ナス、中ナス、ゼブラナス、白ナス、米ナス。右は花で、下を向いて咲く

ナスの原産地はインド東部の熱帯アジアで、日本には8世紀に中国を経由して渡来したといわれている。古くから重要な野菜として定着し、すでに平安時代には漬物にもされていたようだ。

世界で生産されているナスは大きさ、色、形などさまざまで、ヘタの色も多彩である。現在は特にアジアで多く栽培されている。

日本で生産されているナスのほとんどは、ヘたが紫色で、3㌢ほどの小さなナスから40㌢の大長ナス、ボールのような丸ナスなど、地域の気候や食文化に適応した多くの品種がある。

このほか、イタリアで改良され、皮がシマウマ（ゼブラ）のような美しいしま模様をしている「ゼブラナス」、アジア原産のナスの変種で紫の色素をもたない「白ナス」、アメリカで改良された大きな楕円形の「米ナス」などの品種がある。

ナスの93%は水分で、炭水化物、脂肪、タンパク質ともに少なく、取り立てて豊富なビタミン類、ミネラルもなく、栄養的な価値は低いが、淡泊な味でクセがない。

ナスの果肉は細かい空隙をたくさん含むスポンジ状となっているが、このような構造の野菜は他になく、最大の特徴である。スポンジ状であるため、短時間の調理で味が中までしみとおる。このため、油もよく吸収するので天ぷらやおひたし、漬物など日本料理によく合う。

ヘタには、数は少ないがトゲがある。これは、果実を虫などに食べられないように身を守るためにある。果実が熟するとトゲがやわらかくなる。また、トゲがピンととがっているのは新鮮な証拠でもある（トゲのない品種も開発されている）。

「親の意見と茄子の花は千に一つも仇はない（無駄もない）」といわれる。ナスの花は咲けば必ず実になるように、親の意見も必ず役に立つという意味である。

ナスはなぜ紫色か

紫外線から身を守るため

ナスにアルミホイルをかぶせて栽培すると（左）、太陽の光に当たらないため白くなる（中）。右は普通に栽培した紫色のナス

植物に当たる太陽の光が強ければ強いほど、強い紫外線から身を守るため、花の色はますます濃く鮮やかになる。花はハイビスカス

野菜の中で、ナスほど光沢のいいものは見あたらない。その独特の紫から「ナス紺」という色を表す言葉が生まれた。ナスにはアントシアニン系紫色の色素である「ナスニン」というポリフェノールの一種が含まれている。ナスは花が咲いて受粉が行われ、花びらが落ちた頃の小さな果実は白色をしているが、果実が少し大きくなり、日光に当たると紫色になってくる。

では、実験的に果実が小さくまだ白色のとき、光を通さないアルミホイルをかぶせ、太陽の光を当てずに栽培するとどうなるだろうか？　結果は、果実は大きくなるが、色は白いままである。紫色の色素ナスニンは、日光の紫外線から身を守るために作られる。つまり、日に当てないとナスニンができず紫色にならない。

植物は、太陽の光を利用し、葉でブドウ糖やデンプンを作る「光合成」を行っている。日光には光合成に役立つ光以外に、有害な紫外線が多く含まれている。人間も、紫外線に当たる腕や顔の皮膚にはシミやシワができやすく、肌が老化するといわれている。

私たちの体は、紫外線を浴びたり激しい呼吸をしたりすると「活性酸素」が多く発生する。活性酸素は体を老化させ、多くの病気の原因になるといわれている。人間の体は、これを消し去るため酵素やビタミンなどの抗酸化物質を持っているが、ストレスなどで活性酸素が過剰に作られる場合には、野菜や果物などの食物から抗酸化物質を摂取して補わなければならない。

紫外線は植物にも同じように有害である。自然の中で紫外線に当たりながら生きていく植物は、体の中に発生する活性酸素を消去するために、ビタミンCやビタミンEなどの抗酸化物質を多く作り出している。

日光や紫外線が強ければ強いほど、野菜や果物は濃く色づき、その色素には高い抗酸化作用がある。その色素の主なものは、アントシアニンとカロテンである。アントシアニン系であるナスニンも、発がんや老化を抑制する抗酸化作用が強く、眼精疲労にも効果があるといわれている。

植物が太陽の強い光や紫外線から自分の身を守るために作るビタミンやナスニン。私たち人間はこのビタミンと色素を利用させてもらっているのである。

薬効高く活用の幅多彩

ショウガ（ショウガ科・多年草）

地上部の茎（偽茎）と葉はミョウガによく似ている。熱帯原産のため寒さに弱い

秋に収穫される根ショウガ。これを貯蔵して通年出荷している

ショウガは熱帯アジア原産で、インドでは紀元前500~300年前にはすでに保存食や医薬品として使われていたようだ。日本には2~3世紀ごろに中国から伝わり、奈良時代には栽培が始まっていた。熱帯地方原産のため、寒さに弱く、ひどい乾燥を嫌う植物である。

ショウガは主に根茎を食用にしている。栽培・収穫方法により「根ショウガ」、「葉ショウガ」、「軟化ショウガ」に分類される。

根ショウガは秋に収穫され、この時期に店先に並ぶものを新ショウガという。秋に収穫したものを貯蔵して通年出荷している。

葉ショウガは、生育し始めて根茎が小指ほどの大きさになったとき、葉をつけたまま出荷する。茎元が鮮やかな紅色になる品種が使われ、夏だけ出回る。

軟化ショウガは、光を当てない遮光（しゃこう）栽培をし、葉茎が15センチぐらいに伸びたころにわずかに太陽に当てて茎元を鮮やかな紅色にして出荷するものである。形が筆に似ているので、筆ショウガともよばれる。

ショウガは特有の香りと辛味を持つ薬効の高い野菜で、主に香辛料として利用されている。肉や魚の消臭効果をはじめ、殺菌作用や解毒作用、さらには血行を良くする働きもあり、風邪予防や冷え症対策としても使われる。

さらに、タンパク質を分解する酵素を含んでいるので、肉を軟らかくしたり、魚料理では生臭さを消す効果もある。

活用の幅は広く、ショウガ焼きから魚の煮つけ、ジンジャーエール、すしのガリまで実にたくさんある。特に紅ショウガは、牛丼や焼きそば、たこ焼き、お好み焼き、とんこつラーメンなどにたっぷりと使われている。

すし屋につきもののガリは魚の臭みをとり、違うネタの間に食べると、前のネタの味を消してくれる役目がある。

ショウガは表に出る主役ではないが、アジアのスパイス第1号であり、世界最古の香味野菜のひとつである。

渋皮むきやすい新品種も

クリ（ブナ科・落葉果樹）

クリはイガの中に１～３個の果実が実る。お花（左上）とめ花（左下）は別々に５～６月に咲く

クリは外側が茶色く堅い鬼皮で、その中に渋味がある薄い渋皮がある。両方むけば食べることができる

秋の味覚の一つであるクリは寒さに強く、北海道から九州までの山野に広く自生し、栽培もされている。クリの歴史はとても古く、縄文時代の青森市・三内丸山遺跡（5500～4000年前）から数多く出土しており、当時から食料にされていた。

多くの植物は、葉や茎、実やタネを虫や鳥などに食べられたくない時、虫や鳥に嫌がられる「味」で身を守っている。味を表現する言葉には「渋い」「苦い」「酸っぱい」「辛い」「甘い」などがある。この中で虫や鳥が最も嫌がるのは、人間も嫌な味、つまり「渋い」だと思う。

嫌われる「渋味」を持つ代表はクリである。クリの果実は熟すまでは鋭い「イガ」で守られている。イガはトゲの密生した外皮で、若い実が動物に食べられることから守っている。熟すとイガがはじけて、堅い茶色の鬼皮（おにかわ）と呼ばれる皮に包まれたクリの実が顔を出す。この鬼皮をむくのに苦労する。やっとむけても、その内側には、渋味がある渋皮（しぶかわ）がある。クリは食べる部分の果実が種子そのものなので、イガや堅い鬼皮、渋皮で、翌年発芽する種子を守っているのである。

クリには大きく分けて4つの種類がある。国内で栽培・販売されている「ニホングリ」、焼きぐりの天津甘栗（てんしんあまぐり）に使われる「チュウゴクグリ」、マロングラッセなどに使われる「ヨーロッパグリ」、そして病気に弱いので日本ではあまり見かけない「アメリカグリ」がある。

ニホングリは果実が大きく、香りがあり、食味に優れているが、渋皮をむきにくいのが難点である。チュウゴクグリは、果実は小さく、甘く加熱すると渋皮がきれいにむけるのが特徴だ。

ニホングリには、渋皮がぽろっとむける性質はないので、栗ごはんや栗きんとんなどに使う時「もっとむきやすければいいのに」と思う人も多いだろう。

待望の渋皮がぽろっとむけるクリが、茨城県にある果樹研究所で開発され、2007年に「ぽろたん」という品種名で登録された。栽培され産地からの出荷も始まっているが、まだ品薄状態である。

赤いつぶ一つ一つが花

イチジク（クワ科・落葉果樹）

イチジクの葉は大きく、深く5つに裂けている。果実の頂部には穴があいている。果実の果柄部分を切るとドロッとした白い液が出てくる（右下）

左は果実の縦断面、右は横断面。果実の内部はつぼの形をした空洞になっている。空洞のまわりの赤いつぶつぶが一つ一つの花

イチジクの原産地はアラビア半島南部、地中海沿岸地域で、６千年前には栽培が始まっていたことが知られており、世界最古の栽培果樹といわれている。日本には江戸時代初期、ペルシャから中国を経て長崎に伝来した。エデンの園で、アダムとイブが体を隠すのにイチジクの葉を使ったと「旧約聖書」に記されている。

イチジクは漢字で「無花果」（花のない果実）と書くが、実際はイチジクにも花はある。果実は頂部に穴があり、実を半分に切ると内部はつぼの形をした空洞になっている。空洞のまわりには赤いつぶつぶがある。このつぶ一つ一つが花である。

実の中で咲くので目立つ必要もないため、花びらはない。一部のイチジクは「イチジクコバチ」という昆虫が頂部の穴から入って受粉を行う。これは、エジプトイチジクなど野生種に見られる特性である。

日本で栽培されているイチジクは、受粉しなくても果実が大きくなる「単為結果（たんいけっか）」の性質を持つ。昆虫による受粉が行われず、種子ができないため、さし木で増やしている。

実を収穫するとき、実を支えている果柄（かへい）の部分を切ると、ドロッとした白い液が出てくる。虫や鳥などの動物が実を食べようとしてかじると、この液が出て嫌がらせをする効果がある。また、傷ついたときに侵入してくる病原菌を退治するためでもある。

この液にはタンパク質を分解する「フィシン」という物質が含まれている。イチジクを入れて肉料理を作ると、肉のタンパク質が分解されて肉がやわらかくなる。

イチジクは生で食べても栄養価が高いが、乾燥させると一層高まる。乾燥イチジクは、植物繊維をはじめ鉄分、ミネラル、カルシウムなどといった栄養素を多く含んでいる。

花のない果実「無花果」と書くイチジクにも花言葉がある。果実がたくさん実ることから「子宝に恵まれる」、果実の中でひっそりと咲く無数の花が熟してタネができることから「実りある恋」などがある。

ビタミンCがたっぷり

ジャガイモ（ナス科・多年草）

種イモから発芽した芽は、茎となり、50㌢～1㍍の高さに伸びる（右）。左上は花、左下は実

主な品種は（左上から時計回りに）男爵、メークイン、キタアカリ、ノーザンルビー、シャドークイーン、レッドムーン

現在、日本で最も栽培されている野菜はジャガイモである。原産地は南米のアンデス高地で、紀元前から食べられていたといわれている。16世紀にスペイン人によってヨーロッパに伝わった。

日本には江戸時代初期の17世紀初頭に長崎に渡来したようである。当初はサイズも小さく味も悪かったので、主に花を鑑賞するために栽培されていた。

ジャガイモは種イモを植えて栽培する。花は星形で、中心のめしべとおしべは黄色、5枚の花びらは品種によってピンクや赤、白、紫などがある。

ジャガイモは受粉能力が低いので、花が咲いてもほとんど結実しないが、品種や条件によっては受粉してミニトマトに似た小さな実をつけることがある。イモは茎が肥大した塊茎(かいけい)といわれるもので、種イモの栄養と土の肥料養分、茎葉からの光合成養分により大きくなる。収穫のときは、1つの種イモの大きさの15倍（重量）にもなる。

日本には現在100品種ほどあるといわれている。そのうち代表的な2つを紹介する。「男爵」は日本で最も食べられている品種で、1907（明治40）年頃、北海道の川田龍吉男爵（函館ドック社長、農場主）がアメリカから導入したのがはじまりである。北海道の気候風土に適応してよく育ったので、川田男爵の名をとり「男爵」という名前になった。ほくほくとした粉ふきイモで、コロッケなどに向いている。

「メークイン」は長楕円(だえん)形で、料理しても煮くずれが少ないので、シチューなど煮込み料理に向いている。1916（大正5）年頃に、イギリスから北海道に入った品種で、イギリスの行事「五月祭」の「女王」にちなんで「May Queen」と名付けられた。

ジャガイモに含まれるビタミンCはリンゴの5倍もあり、加熱しても失われにくいのが特徴である。風邪予防や美容に効果があるといわれている。また、余分なナトリウムを排出させる作用があるカリウムが豊富で、高血圧予防に効果があるといわれている。

有毒成分は完全除去を

ジャガイモ②（ソラニンと二次成長）

左は土の中で生育したもの、右はイモが地表に出て光が当たり緑色になったもの。左上は春に芽が出たもので、この芽に強い毒がある

二次成長したジャガイモには、こぶ（ひょうたん）形、人形などいろいろな形がある。芸術作品のようでもある

今回は、スーパーマーケットなどで市販されていないジャガイモを紹介したい。一つは有毒成分のソラニンが含まれ皮が緑色になったり芽が出ているもの、もう一つは二次成長して、こぶ形になっているものである。

ジャガイモのイモは茎が肥大した塊茎（かいけい）であるため、茎と同じく光に当たると葉緑素ができて緑色になる。この緑色の部分にソラニンがつくられる。そのため、学校や家庭で栽培する時は、イモが地表に出ないように土寄せを2回する必要がある。

ソラニンは茎だけでなく芽や葉、未成熟の小さなイモにも含まれる。ソラニンを含むジャガイモを食べると、めまい、おう吐、下痢などの中毒症状を起こし、大量に摂取した場合は死亡する場合もあるようだ。学校で栽培したジャガイモを調理して食べて、食中毒になる例も多いようである。

ソラニンは、煮る、焼くなどの加熱調理をしてもほとんど分解されない。そのため、調理の際は緑色の部分の皮をよくむき、発芽部分は完全に除去することが必要だ。

ジャガイモはなぜ毒を持っているのか。毒が特に多く含まれている芽は、新しい個体を増やすために大切な部分である。この芽を動物に食べられないよう守るために進化してきたのである。

ジャガイモを栽培する農家でも、家庭菜園でも、普通の丸形の他に、こぶ形や人形（ひとがた）などに変形したイモが収穫されることがある。これらは二次成長したイモである。よく見ると、ひょうたんのような形や、人間の顔そっくりのものもある。ジャガイモが作り出した芸術作品にも思える。これらは規格外になるため出荷されず流通しない。

二次成長が起こる原因は①イモが肥大する時期に高温・乾燥が続いて土壌の水分が欠乏し、生育が止まる②その後に多量の雨が降り高温になると再び生育を続ける—ためである。二次成長したジャガイモは栄養分が分散されるため、おいしくない。

果皮にほのかな苦味

アケビ（アケビ科・つる性落葉樹）

青森県にも自生している小葉が3枚のミツバアケビ。左上は、め花（上）とお花（下）。左下は熟して果皮が開いた果実。中に種子を含んだゼリー状の果肉がある

果皮の中央を丸くくりぬき、カボチャの茶巾しぼりを詰めてポッキーをさした料理

アケビは北海道から本州、四国、九州に生育している。東アジアにも分布しているが、原産地は日本と考えられている。そのため、英語名も和名と同じ「アケビ（akebi）」である。実が熟すと果皮が割れ、開いた実があくびをしているように見えることが名前の由来である。

日本各地の山間部などにミツバアケビ、アケビ、ゴヨウアケビの3種類が自生している。青森県にも自生するミツバアケビは、果実が大きめで色づきがよく、栽培用としても品種改良されている。小葉（しょうよう）が3枚で、アケビの中では一番甘味が強く、サイズも大きい。アケビは楕円（だえん）形の小葉が5枚で、果実はミツバアケビに比べると小さい。ゴヨウアケビは小葉が5枚で、葉の縁にはギザギザがあり、ミツバアケビとアケビの雑種といわれている。これらを総称してアケビといっている。

1本の木にめ花とお花が別々に咲く雌雄（しゆう）異花（いか）で、春に咲く。茎はつるになって他の植物などに巻きつき、古くなると固くなって木質化し、かごを編むなど工芸品の素材として利用される。

果実は6～12センチほどの長い卵のような形をしており、熟すと果皮が割れる。中のゼリー状の果肉は黒い小さな種子を含んでいて甘味がある。食べるときはそのまま口に含み、口に残った種子を出す。少し厚い薄紫色の果皮は炒め物や揚げ物などの料理に使われる。

市場に流通しているアケビの生産地は山形県、愛媛県、秋田県などで、その8割以上が山形産である。他の果物に比べるとまだまだ生産量は少ないが、秋の味覚として人気が出てきている。

下の写真は、アケビの果皮の中央を丸くくりぬいてカボチャの茶巾しぼりを入れ、ポッキーをさしたものである。皮の薄紫色で秋を楽しみ、茶巾しぼりを食べたら、果皮に肉詰めをしたり、みそ炒めにしたりして、もう一度味わうことができる。アケビ料理は果皮のほのかな苦味がなんともいえない味だ。

新陳代謝高め 腸活発に

サツマイモ（ヒルガオ科・つる性多年草）

春に植えた苗は秋にたくさんのイモをつける。葉はハート形で（左下）、つるは３㍍ほどにまで伸びる

イモを切ると乳白色の液体「ヤラピン」が出る。左の品種はパープルスイートロード、右はベニアズマ

サツマイモの原産地はメキシコからグアテマラの中南米地域といわれている。紀元前3000年頃にはメキシコなど熱帯アメリカで栽培され、主食になっていたようである。15世紀にコロンブスによってヨーロッパに伝わったが、ジャガイモほど人気は出なかった。日本では江戸時代初期に中国から琉球（沖縄）を経て薩摩（鹿児島）に伝わり、栽培が始まった。

サツマイモはやせた土地でも栽培でき、各地で凶作や飢饉（ききん）から人々を度々救ったことから栽培が奨励され、全国に普及した。同時に品種改良によってさまざまな品種が誕生し、現在に受け継がれている。

主な品種は、ベニアズマ（紅あずま）、パープルスイートロード、コガネセンガン（黄金千貫）などがある。ベニアズマは皮が濃い赤紫色で、中は淡黄色。繊維が少なめで、食味がよく甘味が強いのが特徴である。

パープルスイートロードは皮が赤紫色、中はアントシアニンを含んだ紫色、やや粉質で甘味があり、蒸しいもや焼きいもに適している。コガネセンガンは皮も中身も白っぽい黄色で、主に芋焼酎の材料として使用されている。

サツマイモのつるは3メートルぐらいまで伸びる。イモは根が肥大したもので塊根（かいこん）といわれる。アサガオと同じヒルガオ科のため、アサガオに似た小さな花を咲かせるが、日照や養分などの条件がそろわないと咲かないため、ほとんど見ることはない。

サツマイモはビタミンCやE、食物繊維を多く含む。それぞれの効果が合わさって、新陳代謝を高めて肌を美しくしたり、風邪の予防にも効果があるといわれている。イモを切ったときに出る乳白色の液体は「ヤラピン」という成分で、腸の動きを活発にし、腸内をきれいに整える作用がある。

アジア諸国では、いもの部分だけでなく、つるや葉も野菜の一つとして炒め物などに利用している。日本では、沖縄など一部の県で食べられている以外はほとんど利用されていない。

花は地上、種子は地中

ラッカセイ（マメ科・1年草）

ラッカセイは２対（４枚）の小葉で１枚の葉である。左上はチョウの形をした花。左下は地中にできる莢の中の２個の種子

開花後に土を掘ってみると、上の子房柄は長く伸びて先端がわずかにふくらみかけている。下の子房柄の先には莢が成長している

ラッカセイは地上で花が咲き、地中に種子ができるめずらしい植物。原産地は南米のボリビアと考えられ、南米各地の紀元前の遺跡から発見されている。紀元前に南米から中米各地に広がり、16世紀にはスペインから南ヨーロッパに伝わった。日本には東アジアを経由して江戸時代に伝わったといわれている。

ラッカセイは春に種をまくと夏にチョウの形をした小さな黄色の花が咲く。開花後1週間もすると子房（しぼう）＝莢（さや）や種子になるところ＝が伸び出して、根のように地面に向かっていく。この伸びた部分を子房柄（しぼうへい）という。

子房柄はどんどん伸びて土の中に入る。地中3～5㌢のところで子房柄の先がふくらみ、莢ができ始める。莢は植物学的には外果皮、殻（から）ともいう。この莢の中で2個の種子が成長する。

「花が落ちたところに莢が生まれる（種子ができる）」ことから、ラッカセイ（落花生）という名前となった。開花後に子房柄が伸びても、土の中に入らなければ莢はできない。

土の中に種子を作る理由は、原産地が南米の赤道に近い乾燥地帯であることから、大切な種子を灼熱（しゃくねつ）の太陽から守るためと、鳥害などから種子を守るためであるといわれている。

どんな植物も、種子を遠くへ散布しようといろいろと進化し、鳥や風に運んでもらって分布を広げている。ラッカセイは土の中に種子ができるため分布を広げられないように思われるが、原産地の乾燥地帯では、時々まとまった大雨が降って濁流（だくりゅう）となり、土をえぐって莢を遠くの下流へと流してくれる。

ラッカセイは栄養価の高い食物で脂肪分が多いだけでなく、ビタミンはEやB1、ミネラルではカリウムやマグネシウムなどが含まれている。また、脳の働きを活発にするレシチンという成分も豊富に含まれている。カロリーが高いので、食べ過ぎには注意を。

やせた土地でもすぐ育つ

ソバ（タデ科・1年草）

稲作の転作作物として休耕田に栽培されたソバ（開花期８月）

右の上の黒い種子はソバの種、下の少し小さめの種子はダッタンソバの種。左上はソバの花、左下はアカソバの花。ちなみにダッタンソバの花は薄緑色をしている

ソバの原産地は中国南部の四川省から雲南省にかけての山岳地帯であるといわれている。4600年前のソバの種子が東チベットの遺跡から発見されている。日本では縄文時代晩期には各地で栽培されていたようである。

日本では現在、ソバとダッタンソバの2種類が栽培されている。ソバには、一般的な白い花が咲くソバと、赤い花が咲くアカソバがある。白い花が咲くソバは、その地域の気候に合うように改良された品種がたくさんある。例えば青森県は「階上早生（はしかみわせ）」、福島県は「会津のかおり」、島根県は「出雲の舞」などがある。

アカソバはネパール原産種を品種改良したもので、タカネルビー（高嶺ルビー）という品種が、花の観賞用と食用の蕎麦（そば）として栽培されている。

ダッタンソバは、別名「ニガソバ（苦蕎麦）」ともいわれ、独特な苦味がある。チベット、モンゴル、ネパールなど標高2000メートル以上の山岳地帯で栽培されている。

活性酸素を除去する作用がある抗酸化機物「ルチン」（ポリフェノールのひとつ）が、普通のソバの100倍含まれるとして近年注目を集め、北海道をはじめ日本各地でも栽培され、ダッタン蕎麦やお茶などに利用されている。

イネは高温多湿、高日射の時に収量が多く、良質の米が収穫されるが、ソバは逆である。やせた土地でも70〜90日ほどの短期間で育つ。霧が出るような信州の高冷地の低日射環境のほうが、肥沃（ひよく）な土地に比べ、生地が延ばしやすく香りが良い蕎麦になる。

ソバは水田の転作作物として栽培が増えている。粉にしなければ利用しにくい穀物だが、粉に少し手を加えるだけの簡単な加工で食べられる点が大きな特徴だ。短時間ゆでて汁をかけるだけで食べることができるし、小さな屋台や店でも提供できる。多忙な日本人に合っており、江戸時代からよく食べられてきた。その習慣が現代の「立ち食い蕎麦屋」に残されている。

日本原産、青森県が北限

カキ（カキノキ科・落葉果樹）

妙丹柿の皮をむいて竹串に刺し、乾燥させる干し柿づくり＝2014年12月（青森県南部町鳥舌内地区）

主な品種は（左上から時計回りに）富有、次郎、紀ノ川、庄内柿、妙丹柿。右上は妙丹柿の花

　カキは日本や中国などの東アジアが原産の果物である。日本から18世紀にヨーロッパへ、19世紀に北アメリカへ伝わった。学名の「ディオスピロス・カキ」にも日本語が使われている。「神様の食べ物・カキ」という意味で、おいしく栄養に富んでいることに由来している。

　栽培は中国、韓国、日本が多く、日本では四国、九州、本州で広く栽培され、青森県が北限である。種類は、熟すと自然に甘くなる「甘ガキ」と、熟しても果実が堅いうちは渋さが残る「渋ガキ」の二つがある。一般的に甘ガキは暖かい所で栽培され、渋ガキは涼しい気候で育つのが多い。

　それぞれの主な品種を紹介する。甘ガキの代表品種「富有（ふゆう）」は、種があり、ふっくらと丸みがある形をしている。「次郎」は、種はほとんどなく四角ばった形をしている。「筆柿（ふでがき）」は、愛知県産の甘ガキで、形が筆の先に似ていることからこの名前で呼ばれている。種があり、あま味が出ると果肉にゴマ（黒い斑点）が入る。

　一方、渋ガキの代表品種には「庄内柿」がある。平核無（ひらたねなし）という種がない渋ガキのうち、山形県産のものを庄内柿と呼ぶ。「妙丹柿（みょうたんがき）」は、青森県の南部地方で栽培されている小形の渋ガキで、渋ぬきをしても食べられているが、多くは皮をむいて干し柿にされる。「紀ノ川」は、平核無の渋ガキを、木になったまま渋ぬきをしたもので、果肉が茶色で甘いカキである。

　カキのビタミンC含有量は、ビタミンCの王様であるイチゴとほぼ同量である。風邪予防などに効果がある。またカキのオレンジ色には、抗酸化作用のあるβカロテンなどが多く含まれている。渋味成分であるタンニンにはアルコールを分解する作用があり、二日酔い防止に効果がある。

　カキの生産地では「木守り」といって、収穫の終わりに木のてっぺんにカキの実を1個～数個残す風習がある。これは天に対して、収穫の感謝と来年の豊作への願いを込めたもので、自然とともに生きてきた日本人の心を表している。

食べる部分はすべて葉

ネギ（ユリ科・多年草）

土寄せをして栽培し、白い部分を長くする根深ネギ

（左から）葉ネギ、赤ネギ、根深ネギ

右はネギ坊主（ぼうず）といわれるネギの花。下は根の部分を縦に切った断面で、黒い部分が根、黄色みを帯びた円形部分が茎

ネギの原産地は中国西部かシベリアといわれている。日本にも早くに伝わっていたようで、江戸時代には栽培法が確立され、全国各地で作られていた。

種類は大きく2つに分けられる。1つは「根深ネギ（ねぶか）」で、白ネギ、長ネギとも呼ばれる。東日本で一般的に出回っており、太く、白い部分が長いのが特徴である。加熱するとやわらかく、甘みがでる。多くは鍋料理などに使われる。

根深ネギは白い部分を長くするため、土を盛り上げる「土寄せ」を4～5回して光に当てず土の中で育てる。主な種類に深谷ネギ、千住ネギ、下仁田（しもにた）ネギ、赤ネギ、リーキなどがある。赤ネギは、外側の葉が赤色だが中は白い。加熱するととろりとした食感になり、独特の甘みが楽しめる。

もう一つは「葉ネギ」で、青ネギ、万能ネギとも呼ばれる。西日本で一般的に食べられているのがこのタイプである。細くて緑色の部分が多く、1本から数本に枝分かれする。炒め物や丼、麺類、お好み焼きなどさまざまな料理に活用される。主な種類に九条ネギ、ワケネギ、ヤグラネギ、小ネギなどがある。

ネギの茎は根から上1チセンぐらいまでで、そこから上は全て葉である。よって、食材に用いられる白い部分（葉鞘＝ようしょう）も緑の部分（葉身＝ようしん）も、どちらも葉である。

植物の葉には普通、表と裏があるが、ネギの葉の表裏はどうなっているだろうか。ネギの葉は中が空洞で筒のようになっているが、実は見えている筒の外側の部分が裏で、筒の内側が表である。ネギの葉は、内側に丸まった葉の先がつながって円筒状になったものである。だから内側が表になる。

根深ネギの白い部分には、ビタミンCと、抗菌・抗カビ作用がある硫化アリルが含まれている。体の発汗作用などで体を温める効果があるアリシンも多く含まれることから、風邪予防に効果があるといわれている。また、葉ネギの緑の部分にはβカロテンが豊富に含まれていて、抗酸化作用が働き、病気予防に効果があるといわれている。

市販のほとんどは米国産

ザクロ（ミソハギ科・落葉果樹）

初夏に鮮紅色の６枚の花びらをつけるザクロの花。左下は成長過程の果実

アメリカのカリフォルニア産のザクロ。右は果実を縦に切ったもの。中に小さな赤い粒がたくさん詰まっており、この粒１つずつに種が入っている

ザクロの原産地は、イランやトルコなど中近東で、５０００年以上前から栽培されていたようである。世界で最も古い栽培歴史のある果樹の１つとされている。

イランでは国内の至るところで栽培され、「果実の王様」として大切にされている。昔から健康や美容によいとされ、種が多いためか、特に子孫繁栄や健康を願う女性たちが好んで食べていたようだ。日本には平安時代に渡来したといわれている。

ザクロは初夏に鮮紅色の花をつける。がくと花びらは6枚で、めしべは1本、おしべは多数ある。受粉が終わると果実が徐々に成長して、秋に熟すと赤く硬い果皮が不規則に裂ける。果実の中には、赤くて水分が多い果肉の粒が無数にあり、この粒１つずつに種が入っている。

日本では東北から沖縄までの広い地域で庭木として植えているが、国産ザクロの販売はほとんどない。市販されている多くはアメリカのカリフォルニア産で、ジュースはイラン産も使われている。

輸入のザクロは日本産より果実が大きく、直径が6～10チセンである。食べるのは赤いつぶつぶの果肉部分で、さわやかな甘みと酸味がある。中の種はそのまま食べても大丈夫だが、気になるなら吐き出すか、あらかじめジュースにするといい。

ザクロには、人間にとって欠かすことのできないミネラルの１つであるカリウムをはじめ、ビタミンB１、B2、Cなどの有効成分が多く含まれている。特にカリウムが豊富で、高血圧予防に効果があるとされる。また、抗酸化作用があるアントシアニンやタンニンなども含まれているため、生活習慣病予防にも効果的だ。

種類は大きく分けて2つあり、花を観賞する「花ザクロ」と、果実を食用とする「実ザクロ」に分けられる。世界では50種類以上の品種があるようだ。日本では庭木の他に、盆栽として花ザクロも実ザクロも栽培されている。

栄養価高く 年中出荷

モヤシ（植物の種子を人工的に発芽させた野菜）

葉が緑色のスプラウトは（左から）豆苗、かいわれ、さくらかいわれ、ブロッコリー、レッドキャベツ。下の豆モヤシは（左から）緑豆モヤシ、ブラックマッペモヤシ、大豆モヤシ

温泉熱を利用し、土で栽培される大鰐温泉もやし。種まき後７日目に覆いのこもと稲わらをとったところ。右の右側は豆もやし、左側はそばもやし

「モヤシ」という植物の種類があると思っている人が意外と多いが、モヤシは植物の名前ではない。いろいろな豆類や野菜の種子を、光を当てずに人工的に栽培したものの総称である。発芽したばかりの茎と根、葉を食べる。栄養価が高く、1年を通して工場で作られ、販売されている。

モヤシは大別すると、豆類や穀類の種子を発芽させる「モヤシ」と、野菜の種子を発芽させる「スプラウト」の2種類がある。スプラウトは英語で「発芽野菜」という意味である。

モヤシはソバなどの穀類もあるが、ほとんどは豆類で、豆の種類により3つに分けられる。「緑豆（りょくとう）モヤシ」は緑豆を原料にし、茎が太めでシャキシャキとした食感が楽しめる。国内ではこのモヤシが主流である。「ブラックマッペモヤシ」はブラックマッペ（黒緑豆）が原料で、茎が細く、ほんのり甘いのが特徴。「大豆モヤシ」は大豆を原料とし、茎が太く、豆がついているので歯ごたえがあり、豆のうまみも感じられる。

一方、スプラウトは、発芽して茎が伸びるまでは光を当てずに育て、その後光に当てるため、葉は緑色になり、モヤシよりさらに栄養価が高くなる。主なものに、エンドウ豆を原料にした豆苗（とうみょう）、かいわれ、さくらかいわれ、ブロッコリー、レッドキャベツなどがある。

モヤシの栄養素は、ビタミンAやC、高血圧予防効果があるカリウム、疲労回復効果があるアスパラギン酸などが多く含まれる。

青森県の大鰐町には、温泉を利用して栽培した秘伝の「大鰐温泉もやし」がある。種類は「豆もやし」と「そばもやし」の2つ。どちらも長さ30センチほどで、稲わらで束ねて出荷される。現在、スーパーマーケットなどで販売されているモヤシのほとんどは水耕栽培であるが、大鰐温泉もやしは350年前から土での栽培であるため、ほのかに土の香りがする。水耕栽培にはないシャキシャキ感と独特のうま味があり、歯触りや味の良さ、品質の高さで人気が高い。

生活習慣病の予防に効果

ニンジン（セリ科・1年草）

生育過程のニンジン。葉が細かいのが特徴。左上はニンジンの花

各種ニンジンとその断面。左から金時ニンジン、金美ニンジン、紫ニンジン、五寸ニンジン。右上は根の跡の横線。同下は横線の所を縦に切った断面。根が形成層までつながっているのが見える

ニンジンは原産地のアフガニスタン周辺で東西に分れて世界各国に広まった。オランダを通りイギリスへと西方へ伝来しながら改良が行なわれた「西洋系」と、中国を経て東方へと伝わった「東洋系」の2種類に分類される。

特徴は西洋系は太く短く、東洋系は細長い。日本への伝来は16世紀頃といわれている。日本で江戸時代に栽培されていた品種は東洋系が主流だったが、栽培の難しさから生産量が減少し、現在は、スーパーマーケットなどで販売されている五寸ニンジンなどの西洋系が主流である。

国内で主に栽培されている品種は、金時（きんとき）ニンジン、金美（きんび）ニンジン、紫ニンジン、五寸ニンジンなどである。「金時ニンジン」は濃赤色で細長く、大きさは30㌢ほど。京ニンジンという呼び名もある。柔らかくて甘く、独特の味だ。日本では数少ない東洋系の品種で、おせち料理の食材としてお正月に出回る。

「金美ニンジン」は中国系のニンジンとの掛け合わせで、形は普通のニンジンのようだが、皮、果肉とも黄色く、果肉は柔らかい。

「紫ニンジン」の外側は紫色で、内側がオレンジ色である。甘味が強い。「五寸ニンジン」は店頭に出回っている中のほとんどがこのニンジンである。オレンジ色でサイズは15～20㌢と名前のように5寸（約15㌢）に近い大きさで、βカロテンが多い。

ニンジンに多く含まれるβカロテンは、免疫力アップや抗酸化の作用があり、生活習慣病の予防効果が期待できる。体内に吸収されるとビタミンAに変わり、粘膜の健康や視力の保持に良いとされる。

ニンジンの表面をよく見ると、横線がある。この横線は細い根が生えていた跡で、縦に4方向に並んでいる。ニンジンの横線のところに包丁を当てて、上から縦に切ると、横線のところから内側に根が伸びていて、水を運ぶ導管がある木部と、栄養分を運ぶ師管がある師部の境目にある形成層までつながっていて、水分や栄養分が根から吸収されているのが分かる。

スタミナアップのもと

ニンニク（ユリ科・多年草）

生育過程のニンニク。青森県のニンニク栽培は前年の９～10月にりん片を植え付けて、６～７月に収穫して乾燥する

左は青森県の代表種「福地ホワイト六片」で、上はりん茎で下はりん片。真ん中は黒ニンニク。右はニンニクの芽

ニンニクの原産地はウズベキスタンを中心とする中央アジアだといわれている。そこから西に伝わり、古代エジプト、古代ギリシャなどで薬用や香辛料として利用されていた。日本には8～9世紀ごろ、中国を経由して渡来したといわれている。

ニンニクには4種類がある。「ニンニク」はごく一般的に出回っている生のニンニクのことで、国内産は青森県産がほとんどであるが、香川県、宮崎県や輸入の中国産もある。「ニンニクの芽」は茎ニンニクともいい、ニンニクの芽を若取りしたもので、中国産が多い。「葉ニンニク」はニンニクの若い葉で、上が緑色、下が白くて短いネギのような形をしている。「黒ニンニク」は白いニンニクを発酵・熟成させたもの。中のりん片が黒くなり、においは少なくて味は甘酸っぱく、普通のニンニクより抗酸化作用が高いといわれている。

国内ニンニクの出荷量の約70％は青森県産で、輸入ニンニクの98％は中国産である（データは2013年）。

青森県産ニンニクは、涼しい気候に適した「福地ホワイト六片（ろっぺん）」という品種が使われる。ひとつの球になっているりん茎の中に養分を蓄えて肉厚になったりん片が6個あり、色は白い。一つ一つのりん片はふっくらと大きく、大きさも均一である。

中国産のニンニクはりん茎が大きく、その中に10～12個ぐらいのりん片があり、色は淡黄色をしているのが特徴である。

生のニンニクを切ったりすりおろしたりすると、アリシンという成分がでてくる。このアリシンがニンニク特有のにおい成分で、ビタミンB１の吸収を高める作用があるので、スタミナ増進に有用だ。ビタミンB１は、ニンニク自体にも含まれていて、糖をエネルギーに変えるため、疲労回復に役立つ。また、アリシンには抗酸化作用、食欲増進効果や殺菌・抗菌力があり、病気への抵抗力を高める働きをしている。

ニンニクの殺菌作用などは、ニンニク自身が病原菌や虫から身を守るために進化したものである。

栄養豊富で抗酸化作用も

ホウレンソウ（アカザ科・1年草）

夏栽培のホウレンソウ。葉は上に向かって伸び、厚さは薄く色は淡い緑色。左上は雄花、左下は雌花

寒締め栽培のホウレンソウ。葉が地面に着く草姿になり、どの葉にも太陽の光がよく当たるように重ならず広がっている

ホウレンソウの原産地はトルコやイランなどの西アジア地域といわれる。そこから中国方面に伝わったものは「東洋種」、ヨーロッパへ渡ったものは「西洋種」となった。東洋系品種は江戸時代初期に日本に伝わった。西洋系品種は江戸時代後期に入ってきた。今はこの二つの中間的な「交配種」が多く栽培されている。

「東洋種」はアジア地域に根付いたもので、一般的に葉の切り込みが深くて葉肉が薄く、根元が赤い特徴がある。「西洋種」は欧米で普及し、改良された品種。葉の切れ込みが浅く、形は丸みを帯びている。葉肉は厚めで根元の赤色は薄く、アクが強くやや土くさい。現在市場に出回っているほとんどは「交配種」(中間種)。東洋種と西洋種を掛け合わせた「一代雑種」で栽培しやすく、えぐみが少ないため食べやすい。

ホウレンソウは雄株と雌株があり(雌雄異株)、初夏に雄花と雌花をつける。

ホウレンソウは貧血を予防する鉄や、造血作用のある葉酸を多く含んでいる。風邪を予防するビタミンC、骨を形成するカルシウム、高血圧を予防するカリウムなどもバランスよく含む。抗酸化作用のβカロテンも豊富である。

ホウレンソウは1年中栽培できるが、おいしくなる時期は冬である。北海道と東北地方で「寒締め栽培」という方法でビニールハウスで行われている。耐寒性の強いホウレンソウをハウス内で十分育てた後ハウスのすそ・扉を開けて、さらに冷たい外気に当てる栽培方法だ。「寒さ」で「締める」という意味で「寒締め」と名付けられた。

上に向かって伸びていた葉は、低温により地面にびったりと付着する。葉肉が厚く色は濃くなり、糖分やビタミンCなどが夏栽培や温暖地域の野菜と比べ2~3倍に増える。ホウレンソウが糖度などを高めて、身を凍結から守ろうとするためである。

和洋中と広い用途

タマネギ（ユリ科・1年草または2年草）

タマネギは成長するにしたがって土の上に出て球を太らせる。左上は花で、２年目の夏に咲く

各種タマネギとその断面。（左上から時計回りに）黄タマネギ、小タマネギ、白タマネギ（米国産）、赤タマネギ

タマネギは中央アジアのイランやパキスタンが原産地だといわれている。紀元前3000年ごろ古代エジプトで食用されていたようである。日本に本格的に導入されたのは明治時代になってからで、最初にアメリカの品種が北海道と大阪で栽培された。和食、洋食、中華の、いずれの料理にも使える野菜だ。

一般的なタマネギ「黄タマネギ」は果皮が薄茶色。収穫し、表皮を乾燥させた後に出荷するため、保存が利く。生で食べると辛い味がする。カレーや焼きそばなど、火を通して食べるのが一般的。

「小タマネギ」は普通の黄タマネギの植える間隔を狭くして本数を多くし、小さく育てるもので「ペコロス」とも言われる。ひとくちで食べられるので、シチューや煮込み料理などに、皮をむいて一個丸ごと使われる。

「白タマネギ」は表皮も内側もきれいな白色で、水分が多く辛味が少なく、甘味があるので、生食やカレー、煮込み料理向きである。北海道などで栽培されているがヨーロッパやアメリカから輸入もされている。

「赤タマネギ」の皮は赤紫色で、切った断面にも赤い輪があらわれる。紫タマネギともいう。辛味が少なく、みずみずしいので、サラダなどに適する。

2〜4月ごろに販売される「新タマネギ」は、収穫後に乾燥させせず、すぐ出荷、販売される。そのため水分が多く、軟らかく甘いのが特徴。

タマネギを包丁で切ると涙が出ることがある。これはタマネギの細胞が壊れて「硫化アリル」という物質が発生するためである。硫化アリルには刺激臭と辛味があり、この成分が鼻や目に入ることで起こる。だが、硫化アリルは人間に悪さをするために出るわけではない。虫に食べられ細胞が破壊されたときに、刺激物質を瞬時に作り出し撃退するためである。硫化アリルの一種で、刺激成分の「アリシン」は血液をサラサラにする働きがあり、血栓の予防などに効果があるといわれる。

生食できる唯一のイモ

ナガイモの支柱栽培。長いつるを伸ばしハート形の葉をたくさん付ける。左上はツクネイモの雌花、下はナガイモのムカゴで、ムカゴご飯や素揚げなどにして食べられる

右からナガイモ、ツクネイモ、イチョウイモ

ヤマノイモの仲間は、亜熱帯から熱帯の地域に無数の種類がある。栽培用のナガイモは、中国の雲南省が原産で、紀元前から栽培されていたようである。日本には江戸時代に伝わり、栽培されるようになったといわれる。つる性で地上部は5メートル以上になり、樹木（支柱）にからまって伸びる雄株と雌株があり（雌雄異株）、夏に花をつける。秋には雄株と雌株共に、地中に新しいイモができる。

ヤマノイモの種類は三つある。「ナガイモ」は50～80センチほどの長い棒状。店頭では短くカットし販売されていることもある。黄土色の皮でひげ根が伸びる。ほかのヤマノイモに比べると水分が多く粘りは少ない。歯ごたえがサクサクとしている。青森県や北海道が主産地でヤマノイモの中で最も栽培量が多い。「ツクネイモ」はにぎりこぶしのように、丸くゴツゴツした形。主に関西や中国地方で栽培されており「ヤマトイモ」とも呼ばれる。粘りはナガイモの7倍もあり、とろろ、揚げ物やお菓子の材料としても使用されている。

「イチョウイモ」は名前の通り、イチョウの葉のような扁平な形をしている。粘りはナガイモとツクネイモの間ほどでとろろは濃厚。はんぺんやお菓子の材料にも使われる。

ヤマノイモの仲間は、ビタミンCやカリウムが多く含まれる。粘り成分はムチンと呼ばれる糖たんぱくの一種で、胃の粘膜を保護する働きがある。ジャガイモやサツマイモのようにでんぷんが多いイモ類は生で食べられないが、ヤマノイモはでんぷんが少ない上、でんぷんを消化するアミラーゼやジアスターゼなど、消化酵素を大量に含んでいるため、生で食べられる唯一のイモである。消化酵素はダイコンの3倍程度含まれているという。

これらの消化酵素の働きは加熱しないほうがよく、すりおろして細胞を壊したほうが、消化酵素の働きが強くなることがわかってきたので、「とろろ」は理にかなった食べ方のようである。強力なアミラーゼがご飯や麦飯などのデンプンの消化吸収を助けてくれる。

果樹で収量日本一

ウンシュウミカン（ミカン科・常緑果樹）

ウンシュウミカンを横に切る（左下）と、断面に10個の小袋がある。右下は縦断面

皮をむいたウンシュウミカン。白い綿のようなものと、白い筋のようなものは維管束。右は長さ1.5㌢ぐらいの小さな種子

柑橘類（かんきつ）は、私たちが食用に利用しているミカン科の総称で、果実は人の頭より大きく4キロ以上になるザボンから、1グラムぐらいの小さなマメキンカンや、果実の形が仏様の手のような珍しい形をしたブッシュカン（仏手柑）など約100種ぐらいある。

柑橘類の生産量の約8割が「ウンシュウ（温州）ミカン」であるといわれている。ミカンと一般によばれるのはウンシュウミカンのことである。果樹の品目別収穫量（農林水産統計平成24年産）の1位はウンシュウミカンで、2位はリンゴ、3位はナシである。

柑橘類の原産地はインドだといわれている。その後ヨーロッパやアフリカに広がったようである。ウンシュウミカンは江戸時代初期に、中国から渡来した種のあるミカンが、鹿児島で栽培されていた。

このミカンに突然変異が起こり、種なしのミカンができた。このミカンは、「雄しべがしなびて花粉の能力がなくなる」性質と、「受精しなくても果実が大きくなる単為結果」の性質を合わせ持つ（田中修著「クイズ植物入門」）。

つまり、種子はできないが、果実は肥大するという性質である。まれに別の柑橘類の花粉が飛んできて、受粉して種子ができることもある。このようなことから、ウンシュウミカンは、日本原産である。種子ができないので、接ぎ木で増やす。ウンシュウミカンの皮をむくと、白い綿のようなものと、白い筋のようなものがでてくる（右の写真参照）。これは維管束（いかんそく）といって、木が根から吸い上げた水分や養分をミカンの中の実に運ぶ管の働きをしているものである。また、ミカンを横断面に切ってみると10個前後の小袋（植物学ではじょうのう）が放射状に並んでいる。

ウンシュウミカンには収穫時期の違いなどで、たくさんの品種がある。多くは有田ミカン、愛媛ミカン、静岡ミカンなど生産地の名前で販売されていることが多い。ビタミンCが豊富で、風邪予防などに効果がある。維管束の白い綿・筋は高血圧や動脈硬化を予防する効果があると言われている。

日本原産 全国に自生

フキ（キク科・多年草）

青森県に自生する山ブキ。左下は愛知早生フキの葉柄の断面で、根元は少し赤みがある

フキノトウの雄株（左）と雌株。雄株は黄色がかった花、雌株は白っぽい花を咲かせる。雌花は開花後、たんぽぽのような綿毛ができる（右）

フキは日本原産の野菜で、北海道から沖縄まで全国に自生している。山や沢の斜面、道路沿いなど水分が多い所に多く見られる。平安時代から食べられていたようである。フキは春の訪れを告げるフキノトウとして食べる場合と、その後に伸びる葉と葉の柄である葉柄をアクを抜いて、煮物や炒め物などにして食用にする場合とがある。

フキの種類は愛知早生フキ、水フキ、秋田フキ、山ブキなどがある。「愛知早生フキ」はみずみずしくやわらかく、苦味が少なく根元は赤みがかっている。愛知県は江戸時代からフキの栽培が盛んであった。市場に出回っているものの多くは愛知早生フキである。

「水フキ」は京都府、奈良県、大阪府などの暖かい地方に自生するフキを改良したもので、軟らかく苦味が少ないのが特徴。栽培量は多くない。

「秋田フキ」は葉の直径が1メートルぐらいで、葉柄の長さが2メートルぐらいまで大きくなる。秋田県の名物になっている。秋田フキの仲間で、北海道の足寄町に自生して、高さ3メートルぐらい、茎の直径10センチまで大きくなるラワンブキは、北海道遺産に指定されている。

「山ブキ」はその地域の山野に自生しているもので、ゆでたり、佃煮などに加工して食べられている。

フキの花であるフキノトウは雌株と雄株とがある雌雄異株である。雌株は白っぽい花を咲かせるが、花粉をつける雄株は黄色がかった花を咲かせるので区別ができる。

春の寒さを破って芽を出すフキノトウの花言葉は「待望」である。フキノトウは天ぷらや味噌汁、ふき味噌などに料理される。その香りとほろ苦さで、春を満喫させてくれる。苦味成分には新陳代謝を促し、老廃物を外に出す働きがある。フキノトウなどの春の山菜類が苦味を持つのは、地上に出たばかりの芽が動物や害虫などに食べられないように身を守るためである。

フキは食物繊維やカリウムなどのミネラルを多く含む野菜である。食物繊維は腸内をきれいにして便秘の解消などに効果がある。カリウムは過剰な塩分の排せつを助け、高血圧の予防に効果あるといわれている。

青森県が収量全国一

ゴボウ（キク科・多年草）

ゴボウは深く耕した畑で、大きな葉をたくさんつけて栽培される。右上は２年目の夏に咲く花

ゴボウの実にはたくさんのとげがある。種子（右上）は長さが１㌢ぐらい。下は面ファスナー

ゴボウの原産地は、中国東北部から東ヨーロッパに至る広い地域だといわれている。中国では野生のゴボウを薬用に使っていたようである。日本には、縄文時代に伝わったといわれている。江戸時代には全国に普及し、重要な野菜として栽培されていた。野菜として食べているのは、日本や韓国など、一部の国だけである。

ゴボウは特有の香りがあり、きんぴらや煮物に、最近はヘルシー食品としてサラダなど洋風の料理にも使われるようになり、消費が増えてきた。ゴボウの種類は、栽培する土壌の違いにより「長根種」と「短根種」がある。関東以北は土が柔らかく深いので、根が1メートルにもなる長根種が栽培され、西日本は土が硬く浅いので、40センチ前後の短根種が栽培されている。現在は長根種が多く栽培されている。都道府県別ゴボウの収穫量（平成24年産野菜生産出荷統計）は1位が青森県、2位茨城県、3位北海道である。

ゴボウは、ビタミンやミネラルは少ししか含んでいないが、便秘予防などに効果がある植物繊維を主要野菜の中で最も多く含んでいる。また、抗酸化作用があるポリフェノールも多く含まれている。

青森県でのゴボウの栽培は、春に種をまき秋に収穫するので、2年目に咲くゴボウの花を見ることはない。秋に収穫しないでそのまま冬を越すと春に葉が伸び始め、夏にアザミに似た花が咲く。秋には実ができこの中に種子ができる。ゴボウの実にはたくさんのとげがあり、人の衣類や動物の毛について、種子を遠くまで運んでもらい子孫を増やすようになっている。実についているとげの先が釣り針のように曲がっているので、衣類などにくっつくのである。

スイス人の発明家ジョルジュ・デ・メストラルが飼い犬の散歩中に、野生のゴボウのとげが自分の衣服や愛犬の毛にたくさんくっついたので、その構造をヒントに研究を重ね、1955年に「面ファスナー」として商品化した。日本では魔法のテープという意味の「マジックテープ」という商品名などでたくさん販売され、衣類などに利用されている。

甘くておいしい蜜入り

リンゴ（バラ科・落葉果樹）

糖度と酸味のバランスが良く、日本で最も栽培されているふじ。右上のように、花は５月に咲く

リンゴ（ふじ）を切ると、断面の種の回りに黄色く半透明な蜜が入っているのが見える。右の白い点は果点

リンゴの原産地は、中央アジアのコーカサス山脈と、中国の天山山脈だといわれている。ここから世界各国へ伝播したようだ。私たちが現在食べているリンゴはアメリカから明治時代のはじめに日本に伝わり、品種改良され、広く栽培されている。

日本で多く栽培されているリンゴの品種は、「ふじ」「つがる」「王林」などである。青森県の藤崎町で誕生し、1962（昭和37）年に命名登録された「ふじ」は日本で最も一般的に栽培されている品種で、中国、アメリカ、トルコなどの海外でも広く栽培され、世界的に最も生産量が多い品種である。

リンゴを切ったとき種の周辺に黄色く半透明のものが見える。それがリンゴの「蜜（みつ）」である。蜜は「ソルビトール」という糖分の一種と水が一緒になったものである。ソルビトールは葉の光合成によって作られるデンプンが変化したもので、枝を通って果実に集まってくるもので、酵素の働きで、果糖やしょ糖に変わって甘くなる。リンゴが完熟するとソルビトールは糖分に変換するのをやめてしまい、果肉にたまったものが蜜である。蜜が入っていると果実が完熟し、糖分が増している目印であるので、蜜入りリンゴはおいしいといえる。品種によっては、蜜が入らないものがある。

リンゴの果実の表面にある点々模様は果点（かてん）といわれ、果実がまだ熟していない時に呼吸していた気孔（きこう）が変化したものである。よく目立つ品種と目立たない品種がある。

リンゴは品種によって果実の表面がピカピカと光って、手でさわるとベタベタしているものがある。農薬やワックスをぬっているかと思われがちであるが、これは、果実を雨などから守るために、熟したリンゴの皮からしみ出た物質で、食べても安心である。

ヨーロッパでは昔から「1日1個のリンゴは医者を遠ざける」といわれている。リンゴには、食物繊維、カリウム、ビタミンC、ポリフェノールなどが含まれていて、多くの研究で、リンゴを食べると生活習慣病予防に効果があるといわれている。

気候風土に応じた品種

ダイコン（アブラナ科・1年草）

収穫間近の青首大根。右上は大根の花

ダイコンの主な種類。（左上から時計回りに）青首大根、聖護院大根、赤大根、レディーサラダ大根、紅くるり大根と横断面、紅しぐれ大根と横断面

ダイコンの原産地は、地中海沿岸から中央アジアにかけてだといわれている。エジプトでは紀元前2千年にすでに栽培され、ピラミッドを建設するための労働者が食べていたといわれる。日本には中国を経て奈良時代には伝わっていたようである。江戸時代には本格的に栽培され、その後、その土地にあった品種ができた。

日本各地の気候風土に合ってできた在来種の主なものは、神奈川県の三浦で生産される「三浦大根」、鹿児島県の「桜島大根」、大阪府守口が発祥の「守口大根」など多くある。中でも桜島大根は桜島の火山灰土で生育し、カブのように丸い形で直径が50センチにもなり、通常15キロぐらいであるが30キロぐらいになるものもあり、世界一重いダイコンである。

また、守口大根は直径3センチぐらいで細いが、長さが1・5メートルにもなり世界一長いダイコンである。このように日本のダイコンには二つの世界一がある。写真で取りあげたダイコンの種類（品種）を紹介します。

「青首大根」は、首の部分が緑色で現在主流のダイコンで、市場に一番多く出荷されている種類で多くの品種があり、病気に強く栽培しやすく、甘くて柔らかいことからダイコンの全生産量の約90％ぐらいを占めている。「聖護院（しょうごいん）大根」の名前の由来は、京都にある聖護院という寺の地域で江戸時代から栽培されていたダイコンで丸くて大きい。「赤大根」は外側の皮は赤い色であるが果肉は白色。「レディーサラダ大根」は、やや小ぶりの大根で、皮は赤いが果肉は白く、サラダとして利用される。「紅（べに）くるり大根」は少しずんぐりした小ぶりの大根で、特徴は皮も果肉も赤紫色をしていることである。「紅しぐれ大根」は皮の色が紅というより、薄い紫色で果肉も淡い紫色である。

ダイコンには、でんぷんを分解するジアスターゼや脂肪を分解するリパーゼなど多くの消化酵素が含まれている。焼き魚やてんぷらの料理にはダイコンおろし、刺し身には細く切ったダイコンがそえられる。これは、生のダイコンには消化吸収を助ける働きと殺菌力があるためである。

ダイコン②（アブラナ科・1年草）

甘みと辛み 部位で差

青首大根の各器官の部位。葉を根元から切ると三角錐の茎が見える＝図①。根の部分にあるひげ根と根の痕跡のくぼみ＝図②。ダイコンの葉にはビタミンCなどが豊富に含まれている。首の部分は甘味が多く、根の先部分には辛味が多い

ゴボウやニンジン、サツマイモは根を食べ、ジャガイモは茎（塊茎）を食べている。ダイコンは茎と根が太ったものを食べている。１本のダイコンでも部位により、甘い部分と辛い部分がある。

１本のダイコンには30枚前後の葉があり、１枚の葉には多数の小葉がついている。茎は葉の付け根にあり、葉を根元から切ると三角錐の形をしたのが茎である。一般的に根と呼ばれる食用部分の、上部の首の部分は茎の一種である「胚軸」である。その下から本当の根になっている。ダイコンを注意深く見ると下部にひげ根（側根）や根の痕跡のくぼんだ点が両側一列ずつ並んでいる。このひげ根のある部分が「根」である。

上部の首の部分にはひげ根ないことに気がつくと思いますが、このひげ根のない部分が胚軸である。ダイコンの全生産量の約90％ぐらいを占める「青首大根」が、土の上に出て皮の表面に光が当たり薄緑色になるので、この部分が茎の一種である胚軸であることが理解できると思います。

練馬大根や三浦大根のように土の上に出ないで地中で成長する「白首大根」の種類は、胚軸の成長が少なく、根の部分の成長が大きいので首の部分が薄緑色になることはない。

ダイコンの根が太くなるのは、茎をのばし花を咲かせ種子をつくるための養分を与えるためである。１本の中で部位により、甘い部位と辛い部位があるのは、身を守るためである。

首の部分は甘味が多いので、サラダや酢の物に向いている。ダイコンは秋栽培が多いが、秋は土中より地表の方が気温が低くなるので、地表に出ている首の部分が凍らないよう、首の部分に糖分をたくわえている。だから甘味が多いのである。

根の先部分は辛味が多いので、ダイコンおろしや汁の実に向いている。土の中に成長していく根の先は、地中の虫や動物に食べられないように、身を守るために、辛味成分を多く含んでいる。ダイコンの一番上の部分と、一番下の部分を比較すると、下の方が10倍も辛味成分が多い。

地下茎の穴 空気の通り道

レンコン（スイレン科・多年草）

ハスの花と大きな葉。花後に種子ができる花托（かたく）は右下隅の半円のもの。右上は、葉の真ん中にあるスポンジ状の空気の取り入れ口

レンコンはハスの地下茎が、肥大していくつかの節でつながっている。地下茎を輪切りにすると、空気の通り道の穴が見える

レンコンは漢字で書くと「蓮根」で、蓮（ハス）の根であるが、実際はハスの根でなく、地下茎という茎が肥大したものである。レンコンは春に沼や水田の泥の中で栽培して、秋から翌春にかけて収穫し、これを食用にする。植物としてはハス、野菜としてはレンコンである。

レンコンの原産地は中国、インドからオーストラリアと考えられているが、諸説がある。日本で本格的な栽培が始まったのは、明治末から大正の初めにかけてである。最近の出荷量（２０１２年）の第1位は全体量51％を占める茨城県で、２位は徳島県、3位は愛知県である。

レンコンの葉は水面から1メートル以上伸び、直径1メートルぐらいに大きくなり、夏に清楚で優雅な花が咲く。泥の中で成長するレンコンを輪切りにすると、９つの穴（品種などにより穴の数に違いがある）がある。この穴は水上から泥の中にある根と地下茎に空気（酸素）を運ぶためのものである。レンコンの穴は水上に出ている葉を支えている葉柄と葉につながっている。葉柄を切ってみるとレンコンと同じように穴があいている。葉柄を通って地下茎や根へ空気を送っている空気の取り入れ口は、大きな葉の真ん中で葉柄とつながっていて、スポンジ状になっているところである。

ハス（レンコン）の葉の表面に水がつくと、水は表面張力によって丸い水滴となって表面の汚れや小さな昆虫などとともに転がり落ち、葉の表面がきれいになる。この現象を「ロータス効果」という。この特性を応用して、衣服の生地や建材の塗料などに利用されている。

レンコンは、ビタミンCが多く含まれ、風邪予防の免疫力を高める効果などがある。また、レンコンの切り口には糸を引く粘り成分のムチンというぬめり成分があり、胃の粘膜を保護して消化吸収を助ける働きがある。徳島県で突然変異で赤いレンコンが発見され、２００４年に「友弘」という名前で登録された。普通のレンコンに比べポリフェノールが多いようである。

レンコンは穴があいていることから「見通しがきく」として縁起物として、お正月やお祝いの席での料理によく使われる。

収穫後枯れるかどうか

野菜と果物の分け方

上は、野菜の主な種類。日本人の一年間における野菜消費量は農林水産省のデータで、1985年と比較すると年々減少している。特に20代と30代で消費量が少ない。下は、果物の主な種類。国連食糧農業機関のデータによると、世界の果実の１人当たり１日の消費量は、日本は下位グループである

野菜と果物の分け方はさまざまあるが、農林水産省では、種をまいて1年で枯れるものを野菜、木になり長年にわたり果実が収穫されるものを果物として扱っている。スーパーマーケットなどでメロン、スイカは果物売り場で販売されているが、春に種をまいて、夏に収穫されて、その後枯れてしまうので、「果実的野菜」として、野菜に分類されている。

一方、果物の中のユズ、スダチは生食用ではなく調理用のものが多いので「野菜的果物」と分類されることが多い。一般的に野菜とは、ご飯などの主食のおかず（副食）として食べるトマトなど草本性植物で、種子から育てて収穫すると枯れてしまう特徴がある。果物とは、食用にする木本性植物の樹木の果実で、何年間にもわたって収穫できるものをいう。「桃栗3年柿8年」といわれる通り実ができるまで数年がかかるが、ミカン、リンゴなどの果物は一度実がなり始めると十数年間は毎年なりつづける。

野菜と果物はビタミンやミネラルなどの必須栄養分の供給源として、重要な食品であるだけでなく、食卓に潤いと彩りを添えて食卓を豊かにしてくれる。最近では野菜と果物は、生活習慣病、ガン、高血圧などの予防効果があるとされ、機能性成分の摂取源としても期待されている。

野菜や果物は葉や茎、実や果実、タネを鳥や虫などに食べられないように「味」で身を守っている。例えばピーマンやゴーヤは、苦味で鳥などに食べられないようにしている。また、ミカンやスダチなどの柑橘（かんきつ）類が熟するまで酸っぱいのは、鳥や虫に食べられないように身を守るためである。反対に野菜も果物も実や果実が熟すると、鳥などに食べてもらいタネを遠くへ運んでもらうため、赤などの鳥に目立つ色になり味も甘くなる。野菜と果物は植物としての役割は、次の世代に命をつなぐため、タネをつくり広く散布することである。

用語解説（五十音順）

【あ　行】

アルカリ性土壌（あるかりせいどじょう）カルシウムやカリウム分などを多く含みアルカリ性反応を示す土壌。

育苗（いくびょう）ビニールポットや育苗箱などに種子をまき、ある程度大きくなるまで育てること。

移植（いしょく）野菜の苗などを植え替えること。

維管束（いかんそく）植物の幹、茎、葉の中にあり、根から吸い上げた水分と葉で作られた同化物質の通路の役割を果たす組織。

ウイルスフリー苗（ういるすふりーなえ）イチゴやナガイモなどの栄養繁殖性の野菜では、一度ウイルス病にかかると、薬剤などでウイルス病を除去することができないので、その後はずっと被害が続くことになる。この対策では、茎頂をフラスコなどで組織培養することによって、ウイルスにおかされていない苗（ウイルスフリー苗）を育成し、利用している。このほか、サトイモやサツマイモなどでも、ウイルスフリー苗が利用されている。

雄しべ（おしべ）種子植物の雄性の生殖器官で、花粉をつくる葯と葯を支える花糸からなっている。

【か　行】

塊茎（かいけい）地下茎が球状または塊状に肥大したもの。もともとは茎が変形したもの。ジャガイモなど。

塊根（かいこん）でんぷんなどの養分がたまり塊状に肥大している根。サツマイモ、ニンジンなど。

花芽分化（かがぶんか）植物の生長点の部分または葉腋に将来花のもとになる花芽の原基が形成されること。

花芽（かが）中かに花のつぼみがある芽で、葉芽よりやや太く、ずんぐりして短い。

果梗（かこう）果実のつく「つる」の部分。

化成肥料（かせいひりょう）肥料原料に化学的操作を加えた肥料（窒素・りん酸・加里の2成分以上の合計量が15％以上）

で、野菜栽培などに使われる。

株分け（かぶわけ）自然に発根した株を、根と芽をつけた複数の株に分割してふやす方法。

花房（かぼう）トマトなどの花が房状に集まってつくこと。

花蕾（からい）カリフラワー、ブロッコリーの食用部位。

緩効性肥料（かんこうせいひりょう）即効性の肥料に対して肥効がゆっくり表れる肥料の総称。元肥として用土に混ぜて使うことが多い。

基肥（きひ）元肥（もとごえ）ともいう。タネまきや定植前に施す肥料。

機能性食品（きのうせいしょくひん）体の調子を整える機能があることを強調した食品のこと。食品には病気予防や老化防止、体調リズムの調節などの助けになる成分が含まれており、これらを抽出して効果的に摂取できるように開発されたものが一般的な機能性食品とされる。

野菜と果物はビタミンやミネラルなどの必須栄養分の供給源として、重要な食品だけでなく、食卓に潤いと彩りを与えて食卓を豊かにしてくれる。このほかに最近は野菜と果物は、生活習慣病、ガン、高血圧などの予防効果があるとされ、機能性成分の摂取源としても期待されている。

コーティング種子（こーてぃんぐしゅし）発芽をよくするため種子の１つ１つを発芽促進剤などでおおった種子。

光合成（こうごうせい）植物の葉が太陽エネルギーを利用して水と二酸化炭素からでんぷんなどをつくること。

根粒菌（こんりゅうきん）マメ科作物などに寄生する細菌で共生的に空中窒素を固定して作物に供給する。

コンパニオンプランツ たとえばトマトの近くにフレンチマリーゴールドを植えることで、病害虫の減少、成長の促進、収量の増加などお互いによい影響を与えあう植物同士をいう。たくさんの組み合わせがある。

【さ　行】

雑種第一代（ざっしゅだいいちだい）遺伝的に形質の異なった両親の交配によって

作られた一代目の種子のことでF1（エフワン）ともいい、両親よりも生育が旺盛、品質や収量がよくなる性質をもっている。しかし、この性質は雑種第一代にしか表れないので、毎年種子を購入する必要がある。

酸性土壌（さんせいどじょう）カルシウムやカリウム分などが少ない酸性反応を示す土壌。ホウレンソウなどの野菜は、酸性土壌では生育がよくない。

自家不和合性（じかふわごうせい）自家の花粉が雌しべについても種子ができない性質。違う品種の花粉だと授粉して種子ができる。リンゴやパイナップルはこの性質がある。

雌雄同株（しゆうどうしゅ）雌花と雄花が同一株に生じるもの。カボチャは雌花と雄花は別々の花であるが、同じ株にある。

雌雄異株（しゆういしゅ）雌花と雄花が異なる株に生じるもの。イチョウなど。

人工授粉（じんこうじゅふん）メロンやスイカなどの野菜やリンゴなどの果樹で、結実を確実にするため、人為的に雌花の柱頭に花粉をつけてやること。

整枝（せいし）摘心、摘芽、摘果、支柱立て、誘引などの仕立てに関する一連の作業で、枝の数を制限したり、方向を整えること。

速効性肥料（そっこうせいひりょう）肥料を与えるとすぐに効果があらわれるが、持続性があまりないので、追肥として植物の状態を見ながらたびたび与えると良いタイプである。

【た　行】

単為結実（たんいけつじつ）植物において、受精がおこなわれないのに、実が大きくなり、種子ができない果実ができる。単為結果ともいう。ウンシュウミカン、バナナなどがある。

接ぎ木苗（つぎきなえ）スイカ、トマト、キュウリなどで病害抵抗性の向上や増収などを目的に幼苗期に他の品目（同じ科）を台木にして接いだ苗。同じウリ科のカボチャの台木にキュウリを接ぐことはよくある。

土寄せ（つちよせ）不定根の発生、倒伏防止のために、うね間の土を株元に寄せること。

定植（ていしょく）野菜の苗や草花の球根などを最後まで栽培する場所に植えること。

摘果（てきか）果実の過剰着果を防いで、果実の肥大促進や良質化のために、奇形果、病害果などを摘み取り適正な着果状態にすること。リンゴなど果物やメロン、スイカなどの野菜で行われる。

摘心（てきしん）生育中の野菜、果物の茎の先端を摘みとって側枝を成長させる操作。

摘葉（てきよう）葉つみとも言う。葉が茂りすぎて、日当たりや風通しが悪くなった場合、一部の葉をつみとること。

突然変異（とつぜんへんい）親と明らかに異なった形質が、突然、子孫や枝葉に出現し、これが遺伝する現象。

【な　行】

苗半作（なえはんさく）野菜栽培では、苗のよしあしがその後の生育や収量に大きく影響するので、育苗は大切な作業であるという意味である。

軟化栽培（なんかさいばい）収穫の品質を高める目的で、野菜を暗黒化で生育させて、黄化させる栽培方法。軟白栽培ともいう。

二色効果（にしょくこうか）二つの対照的な色彩で、昆虫や鳥に視覚的にアピールするもので、花粉や種子を運んでもらうための仕掛けである。オクラの花びらのクリーム色とめしべの黒が美しいコントラストを見せるので、昆虫が集まってくる。

パプリカ　緑色の普通ピーマンのほかに、赤・黄・オレンジなどの大型で果肉の厚い甘味種のピーマンのことで、カラーピーマンとも呼ばれている。

【は　行】

培土（ばいど）ネギなどで軟化、軟白にするためにうね間の土を株元によせること。

は種（はしゅ）種子をまくこと。

バーク堆肥（ばーくたいひ）樹皮、チップなどを原料にした堆肥。

pH　（ぴーえいち、ぺーはー）土壌の酸性・アルカリ性を示す指標で0～14の値となり、7が中性、7未満は酸性、7をこえるとアルカリ性。ホウレンソウなど多くの野菜は酸性が強いと生育がよくない。

覆土（ふくど）種子をまいた上に土をかぶせること。

不定芽（ふていが）頂芽と腋芽（種子植物の側芽）を定芽といい、その他の場所にある芽は不定芽と呼び、茎や葉、根にできる。

不定根（ふていこん）主根と側根を定根といい、それ以外の根はすべて不定根と呼ぶ。

腐葉土（ふようど）ナラ、ブナ、モミジ、ケヤキなどの広葉樹の落ち葉を堆積し、腐熟させたもの。通気性に富み、排水、保水性にすぐれている。

ポリマルチ　農業用ポリフイルムでうねを覆うこと。地温を高めたり、乾燥の防止、雑草の発生防止などの効果がある。

本葉（ほんば）子葉のあとから出る本来の葉。

【ま　行】

雌しべ（めしべ）種子植物の雌性の生殖器官で、花の中心にある。花粉を受ける部分が柱頭、下部のふくらんだ部分が子房で、子房の中に種子ができる。

間引き（まびき）野菜の栽培はある一定間隔で1本ずつ生育させますが、最初から種子を1粒だけまくと発芽しないのもあるし、生育初期はある程度密生していた方が生育がよいので、1か所に3～4粒まいて、病害虫におかされたものや、生育が良くないものを間引いて最終は1本にする。

むかご　ヤマイモの仲間には葉腋に小さな球形のものがついていることがある。これは養分がたまって塊状になった葉の一部が変形したものでむかごである。肉芽（にくが）ともいう。素揚げにして食べたり、ナガイモの種いもの養成に使うこともある。

【や　行】

誘引（ゆういん）トマトやキュウリなどのつる性野菜や、草丈が伸びて倒れやすい作物を支柱などにゆわえること。

葉身（ようしん）葉の広がった部分で、ふつうは扁平で、葉の本体ともいえる。

葉柄（ようへい）葉身と茎の間の柄のような部分で、葉身と茎の間の物質輸送路であるとともに、葉身を適当な位置に支える役目をしている。

葉面散布（ようめんさんぷ）作物の正常な発育を助けるため必要な栄養分を葉面に散布し、葉面から吸収させること。

予冷（よれい）野菜や果物の鮮度を保つため、出荷や貯蔵の前に3～5℃まで冷却すること。

【ら　行】

ランナー　葉芽の基部が伸長してつる状に発育したもので、その先端に子苗を形成する。イチゴではこの子苗を養成して増殖して親株として栽培する。

輪作（りんさく）連作障害をさける方法のひとつとして、同一の畑に種類や科の異なる作物を計画的に交互に作付すること。

連作（れんさく）同一の畑に同一又は近縁の作物を続けて栽培すること。品質低下や収穫量が低下する原因になる。

裂根（れっこん）根菜類で土壌の乾燥や収穫の遅れのため根部が裂開すること。

両性花（りょうせいか）1つの花に雌しべと雄しべの両方をそなえた花をいう。オクラ、トマト、ナス、ダイコンなどの野菜が両性花である。

ロゼット　地際から生じる葉のことで、あたかも根から葉が生じているように見える。正確には地下茎から葉が生じている。根生葉（こんせいよう）とも呼ぶ。根生葉が地面に放射状に配列すると、上から見た時にバラの花弁状に見えるので、葉全体をロゼットという。これは、寒い秋、冬を越すため葉をできるだけ地面に近づけ、葉全体が太陽光に当たるように放射状になっている。タンポポやナズナなどがある。

【参考にした主な図書】

「野菜と果物」　小学館
「たべもの植物記」　能戸忠夫　山と渓谷社
「身近な野菜のなるほど観察記」　稲垣栄洋・三上修　草思社
「図説野菜の生育」　藤井平司　農文協
「青森の野菜づくり」　青森県農業改良普及会
「野菜の魅力」　中村浩　化学工業日報社
「Ｑ＆Ａ野菜の全疑問」　高橋素子・篠原温　ブルーバックス
「トマトはどうして赤いのか」　稲垣栄洋　東京堂出版
「なぜ、こどもはピーマンが嫌いなのか？」　幕内秀夫　西日本新聞社
「まるごと　だいこん」　八田尚子　絵本塾出版
「果物の真実」　間苧谷徹　化学工業日報社
「フルーツひとつばなし」　田中修　講談社現代新書
「柑橘類」　根角博久　ＮＨＫ出版
「イチジク」　株本暉久　農文協
「リンゴ」　小池洋男　ＮＨＫ出版
「植物の不思議なパワー」　田中修　ＮＨＫ出版
「植物はすごい」　田中修　中公新書
「植物の不思議な生き方」　稲垣栄洋　朝日新聞出版
「クイズ植物入門」　田中修　ブルーバックス
「たのしい植物学」　田中修　ブルーバックス
「ふしぎの植物学」　田中修　中公新書
「はじめての植物学」　大場秀章　筑摩書房
「これでナットク！植物の謎Ｐａｒｔ２」　日本植物生理学会　講談社
「ビジュアル園芸・植物用語事典」　土橋豊　家の光協会
「写真で見る植物用語」　岩瀬徹・大野啓一　全国農村教育協会
「目で見る植物用語集」　石戸忠　研成社

植物名の索引（五十音順）

斗沢　栄一（とざわ・えいいち）

1947年、青森県十和田市生まれ。1971年県立高校の教員になり、県内農業高校をはじめ、県教育庁、県営農大学校（出向）などに勤務。2008年３月、三本木農業高等学校長を最後に定年退職。

長年、高校公開講座等の「園芸講座」で草花の栽培管理を指導。1982年東奥日報に「あおもり園芸ライフ」のタイトルで、草花の栽培管理について１年間執筆連載。1999年あおもり農業（青森県農業改良普及会発行）に「北国のガーデニング」のタイトルで、草花の栽培管理の仕方について４年間執筆連載。著書に「ふるさと植物の不思議」（東奥日報社2012年発刊）がある。青森県十和田市在住

～野菜と果物編～　植物の不思議Ⅱ

2015年（平成27年）11月27日発行

著　　者	斗沢栄一
発行者	塩越隆雄
編集・発行所	東奥日報社 〒030-0180 青森市第二問屋町３丁目１番89号 電話 017-739-1539（出版部）
印刷所	東奥印刷株式会社

ISBN978－4－88561－221－3　C0045　￥2000E